ORIGINAL POINT PSYCHOLOGY

[美] 克利夫·史密斯（Clif Smith）——著

徐守森 胡景超 祝卓宏——译

职场正念

Mindfulness without the Bells and Beads

Unlocking Exceptional Performance, Leadership, and Well-Being for Working Professionals

华龄出版社
HUALING PRESS

北京市版权局著作权合同登记号 图字：01-2023-2998 号

图书在版编目（ＣＩＰ）数据

职场正念 / (美) 克利夫·史密斯著；徐守森，胡景超，祝卓宏译. -- 北京：华龄出版社，2023.6

ISBN 978-7-5169-2562-1

Ⅰ. ①职… Ⅱ. ①克… ②徐… ③胡… ④祝… Ⅲ. ①人生哲学—通俗读物 Ⅳ. ① B821-49

中国国家版本馆 CIP 数据核字 (2023) 第110145号

策划编辑	颉腾文化			
责任编辑	鲁秀敏		**责任印制**	李未圻
书　名	职场正念		**作　者**	[美] 克利夫·史密斯 (Clif Smith)
出　版	华龄出版社 HUALING PRESS			
发　行			**译　者**	徐守森　胡景超　祝卓宏
社　址	北京市东城区安定门外大街甲 57 号		**邮　编**	100011
发　行	（010）58122255		**传　真**	（010）84049572
承　印	涿州市京南印刷厂			
版　次	2023 年 9 月第 1 版		**印　次**	2023 年 9 月第 1 次印刷
规　格	640mm×910mm		**开　本**	1/16
印　张	14		**字　数**	176 千字
书　号	978-7-5169-2562-1			
定　价	79.00 元			

愿你走进正念，鲜活做自己

自乔·卡巴金、杰克·康菲尔德、马克·威廉姆斯、斯蒂文·海斯、玛莎·林内涵等西方第一代正念导师的经典著作进入到中国读者视野至今已经过去了整整十年。

2022 年，颉腾文化寻觅到了在我看来是西方第二代正念实践、研究和分享者所著的正念书籍。第一辑五本——《正念之旅》《正念青年》《叶子轻轻飘落》《职场正念》《正念工作》，以既严谨又通俗的风格走近普罗大众，以贴近平常日子的方式为大众打开一扇正念之门。无论是忙碌的职场人，还是成长中的年轻人，抑或担当着照顾他人之责的医护人员，都可以推开这扇门，去踏上属于你的正念之旅，去做那份属于你的内在工作。

只是当你站到这扇门前，或许已经费了一番周折，有可能你亲自体验着成长中的迷惘、职场中的艰辛，或见证了他人饱受疾病之苦，而当你把目光投向一个更加广大的世界时，你可能会为人类所面临的全球变暖、能源危机、战争创伤、疾病贫穷、虐待动物等严峻现实而感到痛心和无助。而要去推开这扇门，需要有足够的好奇、力量和勇气。因为你可以从这套丛书的每一本书中获得同一个信息：正念貌似简单，但绝不容易。

当我捧读正念书籍的时候，时常会体验到阅读之美，喜悦、宁静、安住透过纸背直抵我心。你不妨也沉浸于阅读中，去体验正念阅读带给你的美好感受。当然正念不止于信息、知识、理念或某位名师的话语，正念邀请你全然地投入，去获得第一人的直接体验。在这个忙碌、喧嚣、不确定的世界中，强烈的生存本能会把我们拽入似乎无止境的自动反应中，而正念的修习可以帮助我们去培育一颗善于观察的心，去看见这份自动反应所兼具的价值和荒谬，并从中暂停，缓过神来，转身去拥抱更加明智的决定和行为。

当你阅读了这套丛书的一本或几本，你可能尝试了很多不同的练习，在垫子上，在行走中，或动或静，有时会不知如何选择。让我告诉你一个秘密：无论是什么练习，都只是在教你回到当下，并对一切体验持有一份蕴含爱意、慈悲、中正的回应。当你的生活充满着艰辛、不确定，你永远可以回到呼吸，回到鼻子底下的这一口呼吸，让呼吸带你安住在当下。当你的生活阳光明媚时，请允许自己去深深地体验幸福的滋味，并去觉察大脑的默认模式如何把你拽回到那份思前想后中。正念可以教你如何承接生命中的悲喜交集。

继续修习。一路你可能遇见不同的老师，有时也会难以做出选择。那么请审视你独特的心性和处境，看看哪位老师与你比较相应、同频，你最容易被哪位老师的工作打动，你与哪位老师的沟通最频繁，你分享哪位老师的工作最多……。当然，最终你要向你内在的那位老师深深地致意、鞠躬，你只能是你。而传承和形式最终都指向一个目标：去减轻和消除苦，你的和世界的苦。或者，你即是世界。爱自己就是爱世界。你安好世界就安好。不要去问世界需要什么，世界需要鲜活的你，所以你只管鲜活地做你自己。

20世纪六七十年代，西方当代正念大师从东方撷取瑰宝以滋养西方民众，他们满怀信心地把自己所学所修内化成西方人能够接受、乐于求证、广泛传播的方法，帮助千千万万人看清生命的真相，疗愈人类共通的悲苦。作为一个华人正念分享者，从2010年起，我有幸参与和见证华人正念主流化的进程，并接受卡巴金、康菲尔德和威廉姆斯等西方正念体系创始者的教授和鼓励。我时常比较三位老师最打动我的品质：卡巴金有着科学家的明晰有力；康菲尔德风趣诗意，是一个故事精；威廉姆斯则温暖慈悲。

我依然记得 2011 年 11 月正念减压创始人卡巴金在首都师范大学做学术报告时他的开场："我，一个西方人，怎么可以在这里跟你们讲正念。正念是流在你们的血液里，刻在你们的骨子里的。"当我为老师做着同声翻译的时候，心里充满了感动、温暖和信心。十年间，卡巴金三次来到中国，身体力行地激励着华人正念的开展和深入。如今，正念在中国的医疗、心理、商业、教育、司法、竞技体育等领域得到了长足发展。而最早由卡巴金夫妇提出的正念养育 / 正念父母心的理念，经由"正念养育 / 正念父母心"课程的形式成了很多中国家庭在养育下一代这个奥德赛般的英雄之旅中的蓝图、工具和智慧。面对女性在中国和世界的处境，专为女性成长而设计的正念修习"Girls4Girls 为你而来"也应运而生。正念在东方复兴的今日，第一代华人正念人已然长成，开始用母语直接教授西方正念体系课程，并孜孜整合着中国元素，挖掘着正念的中国之根。我怀揣着一个殷切的期望："正念在中国继续主流化的第二个十年（2022—2031 年），愿颉腾文化发现和支持华人正念导师根植于鲜活实践的叙述。在世界正念大花园里，栽培一朵来自东方的花。"

走进正念，就是走进自己，也是走进世界！

童慧琦

正念父母心课程及"Girls4Girls 为你而来"创始人

斯坦福整合医学中心临床副教授、正念项目主任

推荐序 | 把正念带给更多的人

我和克利夫·史密斯的初次相遇，是在安永公司组织的"年度里程碑"活动仪式上，那次他给安永公司 4000 名刚刚提拔的管理者做演讲。之前我早就听说过克利夫的卓越成就，他影响过很多人，这让我对他那次演讲充满期待。

虽然克利夫身材高大，但是很快你就会忽略这一点，就会被他真实的话语、对人类真诚关心的态度所打动。我和克利夫第一次进行会谈，围绕的主题是他是否会改变他的职业生涯和生命轨迹，跟随自己的内心和激情，把正念带给更多的人。克利夫想帮助更多的人生活得更加健康、更加幸福、更富成效，进而改变这个世界。那是在大型演讲之前的一次严肃对话。对大多数人来讲，可能会选择逃避，而对克利夫而言，却成为他躬身练习正念的绝佳机会。谈话结束之后不久，克利夫便登上了舞台，巧妙地抓住了现场观众的心。

在那次主题演讲活动中，克利夫和哈佛大学教授以及《时代》杂志畅销书的作家同场竞技。尽管听众对克利夫一无所知，但是他的演讲得到了最高的评价。这进一步证明，克利夫所讲述的故事充满了力量，他的演讲极富感染力，让他能够成功地把正念介绍给那些原本对正念持怀疑态度的人。自此之后，我们就一直保持着密切的合作关系。

通常，正念被错误地归入健康范畴，被认为跟学习型组织毫无瓜葛，也无关乎培育卓越的领导者，或者本领高超的职场人士。但是克利夫认为正念可以影响绩效、领导力和幸福感，这种定义非常独特，其影响结果同样引人注目。

短短几年后，克利夫的演讲、工作坊和课程等活动的受众人数已经达到 60 000 人，并且受众都赞不绝口。诚如本书所揭示的那样，无论对公司还是个人，这些活动都给他们留下了深刻的印象。

无须过多思考，我们就将正念纳入公司的正式培训课程，并制订了非常详细的工作计划，将其扩展到更大的群体。这是一个伟大的决定，克利夫也是一个无可挑剔的合作伙伴。

克利夫的影响持续发酵，已经通过我们公司拓展到我们的客户。这些客户也纷纷邀请克利夫及其团队向他们的领导和各个级别的员工介绍正念，帮助他们设计富有成效的正念训练课程。

很欣喜地看到克利夫已经把他的传奇故事撰写成书，并从他的故事中引申出一些操作性强、真实有效、富有哲理的指导原则，还发展出一系列正念练习。

衷心祝愿你能够跟我们安永的人一样，从克利夫的正念训练和正念生活中受到同样的影响。

塔尔·戈德哈默

安永会计师事务所合伙人兼美洲首席学习官

序言 | 起点参差不齐

绝大多数人永远不会（甚至连想都没想过）成为一名为美国陆军服务的汉语言学家，成为一名接受中情局培训的破案专家，成为一名出色的外交官，或者成为一名哈佛大学毕业生。普通百姓通常认为，要想取得如此卓越的成就，要么天赋异禀，要么出身名门望族，要么父母是达官显贵或政治名流，其子女才能有机会在私立学校接受高端教育。这就引发了一个问题，如果一个人出生于贫困家庭，其父母居无定所，也没接受过什么高等教育，那么其子女怎样才能成为上述四种角色中的任何一种，甚至其中的两种、三种或四种呢？

我本人属于大器晚成的类型。你肯定见过这种人：上高中的时候高高瘦瘦，身体姿势不协调，也不参加任何体育运动，因为运动所需的身体活动或力量过于复杂。但是，如果非跑不可的话，我还是能沿着直线往前奔跑的。记得我第一次煞有声势地参加体育运动还是在高中的时候，在高二那年我参加了田径队，因为我女朋友在队里。（欧耶，动机！）我对田径的全部了解，仅限于曾经观看过 1988 年汉城奥运会的电视转播，而且还是有原因的。当 2020 年我写下这段文字时，只记得那次电视转播当中的十项全能比赛。

可想而知，我对跑道几乎一无所知。以至于加入田径队时，我诧异地发现，起跑位置居然是错开的。径赛各个起跑点的位置分布：最里道（第 1 赛道）的起跑点在直道的端点，最外道（第 8 赛道）的起跑点在前边很远的位置，确切地讲领先53.02米。第2赛道和第7赛道的起跑点，则依次"领先"第1赛道的起跑点一段距离，第8赛道的起跑点"领先"最多。这让我很困惑（我在高中从来没有选修几何学），也让我很沮丧，因为我当时还不理解为什么起跑点会被设计成这种诡异的模样，并且当我第一次参加训练时，教练居然把我分配到了第1赛道。当我走向起跑点的时候，嘟嘟囔囔地抱怨其他人都排在我前面。发令枪一响，简直是我的思绪在参加比赛。我的头脑在一遍遍地想，把我放在这么不利的位置，这对我太不公平了。劣势太明显了，我不可能赶上第8赛道的那个家伙。毫无疑问，我的"头脑风暴"毁掉了那次训练，成绩简直惨不忍睹。同样的场景在前几次训练中反复出现，周而复始。

可能你在初中时就知道怎么回事了，但是我在高二的时候才逐渐明白这个道理：因为赛道是椭圆形，虽然起跑点并不一样，但是每条赛道到终点线的距离其实是一样的。第1赛道运动员的"劣势"和第8赛道运动员的"优势"其实只存在于头脑之中。这是错觉，是对现实扭曲的认识。跑了几趟之后，我开始认识到，虽然第8赛道的运动员在比赛开始的时候跑在前面，但是随着比赛的进行，所有赛道的8位运动员之间的距离越来越近，在最终撞线的时候，几乎同时到达终点。一旦我对现实有了更准确的认识，那些没用的想法就开始逐渐消失，我在训练中的名次也越来越高。

其实，我一直在经历着与"安慰剂效应"完全相反的情况。所谓安慰剂效应，是指人类的心灵发挥着一种神奇的作用。患者得到的是假药，也就是"安慰剂"，但是由于他们期待这些"药物"能够帮到自己，结果其健康状况居然得到巨大改善。安慰剂效应的功能如此强大，以至于美国食品药品监督管理局在审批药物时会把它作为关键评估标准之一，医生有时候也会为患者开具一份安慰剂，而不是含有有效成分的某种药物。这就是我们的想法、信念和期待能够发挥的神奇作用。

所以，尽管起作用的方式完全相同，但是所起的作用完全相反，我们内心的想法、信念和期待——其他运动员的优势，我自己的劣势等，对我们最终的运动表现产生了消极影响。另外，尽管我们已经知道所有赛道的距离完全相等，但是那些无用想法的消极影响不会马上消失。尽管我们已经知道了事实真相，但是这种消极影响依然挥之不去。在各种思想的支配下，我们究竟采取了什么行为，以及这些思想是如何影响行为的，对这些问题的回答，对于理解我们思想的重要性举足轻重。通过这个事情，我得到很大的教训，如何处理自己的思想非常重要，即使某些情况下你已经对"真相"有所顿悟或领悟，但是依然需要付出艰辛的努力专注于自己的思想，防止自己一次又一次地落入同一个思想的陷阱。

我认为我已经发现了一种超级力量，但是不知道如何利用它。幸运的是，我已经接受过一些初步的正念训练，它们让我能够觉察到各种思想动态，但是我也是在经过一段时间的犹豫之后才开始认真练习这些正念技能，随后我发现，这些既不需要花费多少时间，也不需要付出多少努力的投资，居然让我的生活发生了天翻地覆的变化。

"起点参差不齐"的类比是一个很好的隐喻，可以发散到生活的很多方面。在生活中，我们通常能够注意到比我们更好的人（拥有优势的人），而不是注意到不如我们的人（处于劣势的人）。我们对他人品头论足，"比上不足比下有余。"一通比较之后，很多人认为，如果我们拥有同样的优势，也能跟那些人一样取得同样的成功。不幸的是，我们的头脑就是以这种方式歪曲现实的。

当我们将自己和拥有很多优势的人（他们确实也拥有很多优势）进行比较时，通常会无意识地忽略掉其生活环境所固有的某些劣势。例如，我们通常认为，如果其父母是世界 500 强的 CEO，或者拥有一家成功的企业，那么其子女肯定会拥有某些得天独厚的优势。这种父母的子女通常能够上最好的私立学校，参加丰富多彩的夏令营，在那里继续学习、继续成长，这让挣平均工资的人垂涎三尺。当他们度假时，可能会参加丰富多彩的海外旅行，或者去最好的度假胜地滑雪。毫无疑问，他们肯定能够缴纳得起大学学费，而且通常也会被常春藤盟校录取，因为他们的父母不但上过这些学校，而且捐赠过大笔善款。这些确实都是优势，但是他们还有哪些劣势呢？

有钱人的孩子体验不到缺钱的烦恼，他们不会因为交不起钱而断水断电。他们不会经历由于房租上涨或公司裁员而被迫搬离公寓，他们也不需要担心因为搬到面积更小的公寓，打包行李时不得不考虑扔掉哪些物品。他们从来没有体验过，为了省钱居然还要穿哥哥姐姐的衣服。坚韧和勇气来自面对和解决生活中的困难和挑战，如果生活中没有遭遇困难和挑战，就不再需要坚韧和勇气了。这些优秀品质对于拥有它们的人来说是巨大的优势，但是对于缺少它们的人来说就是巨大的劣势。

那些 CEO 或私营企业主，通常需要疯狂工作才能拿到六位数或七位数的薪酬，只有到周末他们才有时间跟孩子在一起待几个小时。这对孩子有什么优势吗？由于缺乏监管，其子女更容易接触到金钱，也更容易接触到不健康的事物，如毒品和酒精。你能想象富裕家庭的子女因为物质成瘾而十多次陷入麻烦甚至更加糟糕吗？根据 2017 年的一项研究，富裕社区的儿童吸毒、饮酒和醉酒的比例是同年龄组全国平均水平的两到三倍。这又有什么优势可言？

把自己跟那些更加成功、拥有更多财富的人进行比较时，不能仅仅看到他们在生活中得到了更多机会，这种思路跟我认为第 8 赛道的运动员拥有很多优势如出一辙。如果你用一种非常狭隘、非常片面的眼光去看待他们所处的环境，就会得出那样的结论。我很容易就能看到并死死盯住第

8 赛道的运动员在我前面好远，却无法看到因为自己处于第 1 赛道，所以距离第一个弯道要近很多。我满眼看到的都是对方的优势，却看不到自己的任何优势；我满眼看到的都是自己的劣势，却看不到对方的任何劣势。以这种方式看待问题是头脑喜欢耍的一个花招，其目的在于保护脆弱的自我。但这其实是一种错觉。我们很难接受这样一点，我们的决策对我们的生活成败至关重要，其重要性远远大于我们出生在什么样的环境。你在关注什么，你如何对自己讲故事，将对你的生活质量产生决定性的影响，而这正是正念能够派上用场的原因所在。

■　■　■

长期以来，正念在西方总是和灵性或健康联系在一起，那些试图从压力、焦虑或疼痛中寻求启迪或解脱的人，一直都是正念的主要受众。因此，很多正念教师依然在灵性或健康的框架下讨论正念。现在看来，这个框架显得过于狭窄，似乎正念只适用于那些心理脆弱的人，只适用于那些面临挑战性的医疗问题的人。例如，恐慌发作、重度焦虑、重度抑郁，或者那些想要从压力中摆脱出来的人。但是，这与事实严重不符。

我认为，今天的正念就跟二三十年前的管理教练一样。时光倒流到二三十年前，那时候好面子的经理人或企业领导通常不会承认自己拥有一名管理教练。之所以三缄其口，是因为他们害怕这会让他们看起来软弱无能，所以才需要一个教练一样。那时候社会普遍认为，教练只提供给那些没用的人，他们无法应对自己的生活，因此需要得到他人的帮助。管理教练可以帮助你从优秀走向卓越，虽然这种理念还没有深入人心，但是在电视上，我们还是可以看到数以百计的精英运动员，如迈克尔·乔丹、拉里·伯德、乔·蒙大拿、杰罗姆·贝蒂斯、莫妮卡·塞莱斯、加布里埃拉·萨巴蒂尼等，这些运动员在所从事的运动项目中都处于顶级水平，但是他们都在接受教练指导。最终，管理教练开始在企业界流行起来。现在，几乎所有的企业高管都会接受某种形式的教练，帮助他们成为行业翘楚。

正念站在风口浪尖上，最终跳出了既定的框架。人们原本认为，只有当感觉自己快要"崩溃"，无力应付危机重重的现代世界，或者感觉生活已经失去控制，自己正在经历生存危机时，才会使用正念。但是现在，要想通过正念练习受益，不再需要这样的先决条件。当牵扯到工作绩效、领导力和幸福感时，正念练习都可以帮助你从优秀走向卓越。把正念局限在精神、健康和压力缓解领域，确实限制和影响了正念的发挥。

幸运的是，有些人已经看到了正念的这种潜力。体育界很多人已经放弃了"正念"这个术语，转而称之为"心理调节"（mental conditioning），这让正念在竞技体育领域获得了广泛传播。一些企业很有远见卓识，它们看到了正念在领导力和绩效提升方面的潜力，开始启动正念训练项目。从2015年开始，我们在安永会计师事务所（Ernst & Young，EY），四大顶级会计师事务所之一，启动了正念领导力课程。在 EY 的课程主题是"现代社会的正念领导力"，时间为期 8 周。跟我们其他的正念训练课程一起，迄今为止受众人数已经达到 60 000 人。在过去短短 5 年里，我们已经从向围坐在布满灰尘的简陋办公桌前的 6 个人教授正念，逐步发展到向坐在高大宽敞的办公桌前的世界上顶级的企业家宣扬正念。

不幸的是，并不是所有企业的正念项目都像 EY 那样成功。虽然我们很早就把正念界定为实现卓越领导力的途径，并矢志不渝地坚守这一教学理念，但是很难将这一理念自始至终地贯穿到所有的教学领域，由此对正念本该具有的影响产生了意想不到的损害作用。虽然有个别教师和组织试图突破藩篱，不再把正念训练局限于精神领域或健康领域，但是他们当中依然有人和组织顽固地坚守着正念的精神传统，对受众的反响置若罔闻。

第一次参加正念师资培训课程时，我确实被吓了一跳。课程第一天的上午，当授课老师进入教室时，他手里拿着铜铃，脖子上挂着念珠，怀里抱着冥想时用的蒲团。这让我觉得很奇怪，因为我报名参加的明明是"去宗教化的"正念师资培训。不久之后，我就意识到，这种"去宗教化的"正念培训已经和社会上公开宣扬的精神、新时代的思想 / 立场 / 观点等深深地混杂在一起。在晚上组织活动时，我决不骗你，甚至还要读塔罗牌（一种西方古老的占卜工具）。很多参加正念训练的人都反馈说："太美了。"如果你想把企业听众拒之门外，并且永远不想拿到超出原定合同的更大订单，就按照这一段所描述的情形去做吧。

我对这些做法，以及采取这些做法的人没有任何意见，他们可以做想做的一切。关于灵性、印度教、佛教和基督教，我曾经阅读过大量的现代书籍和古代典籍，我还曾经去过印度的达兰萨拉，在距离"得道高僧"只有几英尺①的地方打坐冥想，但是在一种号称"去宗教化的"正念培训课程语境下，上述很多做法非常令人反感。我马上意识到，如果这些老师来到我所在的公司教授正念，他们将会为员工带来所有一切与正念和正念老师有关的刻板印象。在企业界，宗教、灵性和新时代的宗教信仰没有生存空间，上述做法可能是毁灭性的，一旦有一位"去宗教化的"正念教师在其课程中提到他"与宇宙的神圣力量有一种无形的联系"，整个正念培训课程就将化为泡影。

众多的正念教师以及正念倡导者，似乎离开铜铃、念珠和宗教信仰（以及越来越多的政治信仰），就不知道该如何教授正念、介绍正念。这是个大问题，因为这些做法让数以百万计的受众望而却步，他们原本可以从正念训练中受益。此外，对于正念究竟能够做什么，许多"正念"教师所

---

① 1 英尺 = 0.304 8 米。

持有的态度过分乐观，他们错误地认识并传播着这个神话：正念是一条仙径，那里只有快乐的想法，那里繁花盛开，那里除了彩虹高挂就是蝴蝶飞舞，那里每时每刻都幸福无比。

我不知道你为什么会拿起这本书，考虑到这本书的书名，你或许产生过这样的想法："到处都在炒作正念，到底什么是正念？"你可能恰恰是数百万个吃瓜群众之一：对正念非常好奇，却不想与任何灵性团体产生瓜葛。那些灵性团体大都湮没了正念的核心要义。或者一想到听见某人用上气不接下气的声音引导冥想，音调里充斥着病态的甜美，你就会退避三舍。或者你认为自己需要加入一个瑜伽工作室，或者自己每个月都需要定制一份香薰。如果上述任何一种想法曾经让你远离正念，这本书就是为你准备的。在这本书中，我剥离了关于正念的一切恶意炒作和夸大其词，提供了一种实用的、去神秘的方法，通过为期8周的、持续不断的正念练习，获得真正的好处。

当Wiley出版社要求我出版这本著作时，我知道我的目的跟我进行主题演讲、辅导企业高管、教授8周正念课程的目的是一样的：创造性地激励他人，促使他们突破自己头脑的限制，助力他们梦想成真，引导他们生活得更加轻松自在。

当你读完这本书并做完书中的正念练习时，将获得更大的能力，在面临压力情境和复杂局面时能够做到深思熟虑并做出冷静回应，在面对变化时能够变得更加敏捷，能够把注意力放到你认为最重要的事情上。你将学会一些正念练习，它们之所以众所周知，是因为能够增强专注力，增进共情，提高心理韧性。通过持续不断的正念练习，你能觉察到哪些是你给自己制造的挑战，并且学会如何避免让自己自动落入相同的陷阱，从而摆脱自己原有的自动导航模式。你将学会如何少受无效的内心对话、具有局限性的观念、非理性的恐惧感（失败、尴尬和批评等）的影响，从而能够发现并抓住机会，超越你以前认为的可能性，释放你的潜能。最后，你也能够更加全面、更加有效地和周围的人建立联系。这些好处相互联系，并且能够产生叠加作用，从而实现绩效、领导力和幸福感等全方位的提升。

本书主要包括两部分，在第一部分中，我将介绍自己的经历，跟大家交代正念如何改变我的生活，从而揭开正念的神秘面纱，揭示什么是正念（是什么），讨论现代生活中正念练习的科学基础是什么，正念练习可以给我们带来哪些好处（为什么）。我将给大家介绍一些基础的正念练习，以提高大家的正念水平（怎么练）。我将告诉大家一些浅显易懂的原理，而不是从学术角度去刨根问底，探究古文典籍中巴利语专家和梵吾专家对正念的界定有何区别。在这一部分，我的目标是向大家介绍一些操作性强、容易上手、历经千年而不衰的正念练习，先为大家提供一套方法，让大家先操练起来，在尝到正念训练的甜头之后，大家自然会成为正念训练的拥趸。

在第二部分中，我将深入探究正念训练的正式练习和非正式练习，通过持续不断的训练，你不仅可以理解正念训练的字面意义，还将对正念训练有自己的切身体会，从而形成一些积极的个人体验。在第二部分中，我们将介绍一个为期 8 周的正念训练课程，你将首先阅读第 1 周的正念训练内容，随后完成相应章节末尾的正念练习，然后开始进入第 2 周，如此这般往前推进。

8 周课程的主题概括如下。

第 1 周：没有短暂的瞬间——从自动导航到带着觉察生活

第 2 周：如何面对生活，态度非常重要

第 3 周：是你占有故事，还是故事占有你

第 4 周：现代世界的剑齿虎——想占有一切

第 5 周： 拥抱困境，而不是回避困境

第 6 周： 我们坐在同一条船上

第 7 周： 谁在照顾你，你又在照顾谁

第 8 周： 养成习惯，继续练习

要想充分利用这本书，需要你做出承诺，坚持进行正念练习。你也可以先通读本书，了解情况之后再去完成 8 周正念课程，但是请你务必不要自欺欺人，别等自己读完这本书之后开始琢磨，"我明白了，我现在知道如何进行正念训练了"。如果眼高手低的话，你就会成为禅宗花园里的一块石头，徒有其形而不得其神。如果只从字面意思浅尝辄止地理解正念，那么将徒劳无功。无论你刚刚接触正念，还是已经进行了很长时间的正念训练，我都建议你在开始阅读这本书的时候就进行正念训练，并且沿着章节顺序持续不断地进行正念训练。练习是从正念中获益的唯一途径。现在就让我们开始练习吧。

目录

我的正念之旅和
正念原理简介

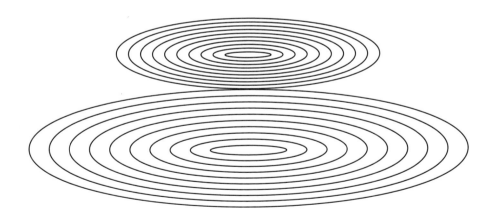

经过训练的头脑有何不同

1 第一章

在我的家庭中，很多人都在为国家服务，他们激励着我也这样去做，我想"赢得自由"，事实表明，这个短语至少包括以下两种含义。

"赢得自由"的第一层含义是认识到我出生在美国，就像我赢得了世界级别的彩票一样，但是我绝对什么都没做，就像天上掉馅饼一样赢得了这种自由。当然，为国家服务是赢取这种自由的一种方式。我从小就受到厄尼叔叔的启发，在越南战争期间，他在美国陆战队服役，后来参加陆军，在那里工作直至退休。每次圣诞节前夜，在宾夕法尼亚州葛底斯堡祖母的房子里，我们全家人都会聚拢在电话机旁，好有机会跟远在他乡的厄尼叔叔聊上几分钟。每次挂断电话之后，我们都会讨论为国家服务、爱国主义和为国牺牲等话题。这些伟大的情感深深地扎根在我心里，让我从内心深处渴望自由，厄尼叔叔的故事点燃了我的欲望，让我离开生我养我的小镇，去探索广袤的世界。

"赢得自由"的第二层含义源自生活的窘迫，我的家庭非常贫穷，在我的人生清单上，赢得财富自由被放置在特别高的位置上。在很小的时候，我就学会了很多孩子直到后来长大才学会，甚至长大之后都没有学会的——摆在我餐桌上的美味食物，挡在我头顶上遮风避雨的屋顶，都是他人做出贡献、辛勤劳作的结果，而我却衣来伸手饭来张口。一旦认识到这一点，我的动机就开始被点燃，我希望自己能够自力更生，能够摆脱贫困，能够帮助他人。

我在军旅生涯中获得的自律、友谊和经验塑造了我，带领我度过充满挑战的人生时刻，帮助我找寻到勇气迎接身心的冒险，帮助我进入哈佛大学并顺利毕业，持续激发我为他人服务的动力。军旅生涯帮助我摆脱贫困走向富有，但是我所需要的，远不止这些。

无论如何解读，我的人生之旅都充满了波折。我的妈妈是一位单身母亲，并且她一个人同时抚养三个孩子。在我童年的大部分时间里，我们是福利院的常客，我们搬过十几次家，穿越过好几个州，住过政府补贴的房子，也住过拖车公园。当妈妈和她男朋友吵架的时候，我们甚至曾经住过避难所。每年圣诞节，我们都是从"玩具赠儿童"（美国海军陆战队发起的慈善活动）获取免费玩具的。在学校里的大部分时间，我们都领取免费午餐或打折午餐，被要求必须在自助餐厅领取、携带和"消费"午餐券。当一位同学指出我又要去享用免费午餐时，我能感受到自己的脸颊变得通红，觉得自己尴尬无比，并伴随着强烈的羞耻感。而这样的事情，几乎每天都在发生。这些遭遇让我觉得自己非常渺小，感觉自己像个失败者，非常想知道为什么别人过得比我好。

你或许会同意，上天注定了我不会成功。我并不缺乏妈妈的疼爱和关注，她是努力工作、遵纪守法、珍视家庭的典范，我的叔叔婶婶和祖父母同样如此。我记得妈妈在一家制鞋的家族企业工作时，在生产线上忙忙碌碌，不知疲倦。我的祖父母是从西弗吉尼亚州的煤矿区，搬到宾夕法尼亚州葛底斯堡的鞋业公司工作的。我们大家庭的每位成员都在工厂里工作，从事着繁重的体力劳动。不仅他们的衣领是蓝色的，他们浑身上下的衣服都是蓝色的。除了厄尼叔叔之外——他是我参军的主要灵感源泉，我们家庭的其他成年人都在制鞋工厂、橱柜工厂、餐具工厂和采石场工作。他们或者开着卡车，或者焊接钢筋，或者锯断木头，或者堆砌砖块，虽然非常辛苦，但是他们的工作都比我曾祖父的工作好很多，不会天天吸入煤炭粉尘。

我的妈妈在抚养我们兄弟姐妹长大的过程中，肯定遭遇过很多艰难困苦，但是我确信，为了保护我们，妈妈肯定还有很多艰难困苦没让我们看见。结束一天漫长的工作后，妈妈都会把我们从保姆家里接走，给我们充分的关注，对我们白天的生活嘘寒问暖，给我们足够的爱。当我逐渐长大，到了上学年龄，日程安排略有改变；到了三年级，我变成了"钥匙男孩"，自己负责开门关门。但是妈妈对我们的爱从未减少，尽管她自己知道无法给我们提供所有的机会，但是只要有可能，她总是想方设法为我们提供机会。有一天，她从我们当地的武术工作室苏式跆拳道（So's Tae Kwon Do）得到消息，低收入家庭可以通过赢得比赛领取免费的武术课程。看到堆满书架的陈旧的功夫杂志，看到我痴迷于无数次观看查克·诺里斯和李小龙的每一部电影，妈妈知道我肯定可以赢得比赛，得到这个免费的武术课程，于是她给我报了名。在比赛结束之前，她并没有告诉我这些，因为她知道万一没有赢得比赛，我会非常伤心。幸运的是，我成为5个获胜的孩子之一。尽管免费课程只有两个月时间，但是俱乐部老板兼首席教练苏大师非常慷慨，当得知我妈妈需要取消有线电视费才能支持我继续学习时，他说只要我愿意参加训练，他可以免费教我（参照图1-1和图1-2）。在接下来两年左右的时间里，我都是接受免费的跆拳道课程。尽管没有明确说明那就是正念，但是苏大师也在教给我们如何进行注意专注冥想，以及在日复一日、自动导航的训练和比赛中，如何对经常被忽视的日常体验保持觉察。通过那次课程，我学会了三项技能，这些技能让我受益终生，帮助我度过艰辛困苦。

图1-1 我参加苏式跆拳道晋级考试的照片。照片右侧的小孩是我，尽管教练说照片左侧才是我
来源：The Evening Sun, 29 August 1986. Shirley Sherry-USA TODAY NETWORK.

改变我生活的三项技能

苏大师教给我们的第一项技能，是了解、拥抱并觉察与恐惧相伴而生的感受和想法，然后继续向前。"恐惧的身体感受是什么？""恐惧在头脑中如何呈现？"这是苏大师向我们提出的两个问题。每次走向跆拳道垫子，每次遭遇更加强壮或技术更加高超的对手时，我们都会练习这项技能。意识到恐惧，然后勇往直前。意识到犹豫，然后勇往直前。意识到心跳加速，然后勇往直前。正是通过直面并拥抱恐惧，我们学会了无论恐惧是否出现，我们都可以勇往直前，做任何事情。

苏大师教给我们的第二项技能，是对毫无裨益的内心的想法、信念和故事等保持正念，即使它们出现，也依然勇往直前。这些自动化思维会告诉我们，我们不够优秀、不够高挑、不够聪明。它们经常抱怨，成功

打算免费学习课程的两个孩子

今年夏天刚一开始，苏大师就在《太阳晚报》的文章中提到，他将向 5 个来自低收入家庭的青少年提供为期两个月的免费课程。

一共 20 个低收入家庭的孩子提交了申请，苏大师最终选择了其中的 5 个，但是只有两个孩子完成了课程——来自埃默里·马克尔中学的七年级学生马修·德霍夫和来自汉诺威街道学校的汤姆·史密斯。

两个男孩都宣称，他们对这门课程"心仪已久"。

"我妈妈告诉我，为了让我得到学习机会，她将取消有线电视。"史密斯说道。

现在她不需要取消电视娱乐了，因为苏大师说，只要这个男孩愿意学习，他将继续教这个男孩，免费为其提供每周三次的课程。

苏大师说："我喜欢教这两个孩子，直到他们都拿到黑带，甚至成为教师。我也将告诉他们每个人必须带领另外一个同样来自低收入家庭的孩子。"

"我相信他们最终都会完成课程——他们真的非常想学习，我也希望他们能够信守自己的承诺。"苏大师说。

图 1-2　同一篇文章中提到了低收入家庭的艰难抉择，我妈妈为了让我参加课程，不得不取消有线电视
来源：The Evening Sun, 29 August 1986.© Shirley Sherry–USA TODAY NETWORK.

与我们无缘，成功只属于其他人，因为其他人拥有更好的条件，所以他们才会成功，这让我们始终处于一种受害者的心态。这种毫无裨益的内心对话，也包括穷思竭虑和担忧害怕，其影响远远超过一些有益的思考——如何面对并克服挑战，如何应对困难情境。在跆拳道练习的过程中，我们会使用一些特殊的技法，如劈拳或刀掌等，先去击碎木板，然后过渡到击碎

水泥块，每一次击打我们都会练习自我对话的技能。当我还是一名大男孩，尝试做出这些技法的时候，脑海里会闪现如下的想法："我能做到这一点！我练习过太多次了！肯定能击碎它！"觉察到那些毫无裨益的想法，无论如何都要做出动作。只要能够做到这一点，我们的能力就会与日俱增，而那些发毛心理或是恐惧心理，随着我们勇往直前，它们也会逐步让位于更强大的心理。

对毫无裨益的想法保持觉察，不让它们影响我的行动，这项技能也得到了霍华德叔叔的强化。有一天下午，我和他去钓鱼，他对我说："汤米（当时他们都这样叫我），你知道我为什么喜欢钓鱼吗？其中一个原因就是，当你把钓鱼线扔进水里的时候，所有的烦恼也都会被扔进水里。"那时候，我还不能完全理解这句话所蕴含的智慧。最令人惊讶的是，每当我回顾这段对话的时候，我都会惊奇地发现，这句话居然是由一个'乡下人'说出来的，但是他拥有一颗真诚的心，而且一辈子都生活在宾夕法尼亚州葛底斯堡郊外的一个"小地方"。他没有旅游过任何的异国他乡以开阔眼界，他没有亲吻过任何高僧大德的双足以获得开示，他没有追随过任何人的高风亮节、政治观点或价值观念以见贤思齐，但是这些都并不妨碍他跟我分享自己的真知灼见。而且当他和我分享那些的时候，并不考虑我是否已经准备聆听，并不期待我能够为他提供任何反馈。他在我心中播下了种子，帮助我认识到，只要我们稍加注意就会发现，这个世界蕴含着很多朴素的真理，不只钓鱼这一项活动，能够支持类似于第二项技能——正念，这样的智慧结晶。

每次去钓鱼的时候，我们都会玩"捉放曹"（抓住并释放）的游戏。不，这可不是一种有争议的移民策略；这是我们每次钓鱼的时候都会使用的一项技术。抓住一条鲈鱼，然后把它放掉。抓住一条鳟鱼，然后把它放掉。你能想象出这个画面吧。我把这种游戏演变成了在武术工作室之外练习第二项技能的一种方法。

"抓住并释放"成为（并且一直是）我最强有力的工具之一，注意到并放下那些毫无助益的内心独白和被恐惧所驱动的想法。突然之间，我可以去做那些我害怕做的事情，我可以去尝试那些我的头脑告诉我不能去做的事情。我可以"抓住"自己接受一个无益的想法，然后"释放"掉这个想法，并"释放"掉任何坚信并追随该想法的自动化的冲动。"我不够优秀。"抓住并释放它。"我永远学不会这些。"抓住并释放它。"只有我们富有了，才会幸福。"抓住并释放它。仅仅这一项技术，就可以在很大程度上改变我们的生活。

苏大师教给我们的第三项技能，来自注意专注冥想，苏大师要求我们规律性地进行练习，关于这一主题，将在第 6 章进行讨论。经过这个练习的培养，我们能够随心所欲地集中注意力，并将其保持在任何我们想保持的地方，即便面临争吵压力和胁迫时也是如此。我必须承认，这一技能在 20 世纪 80 年代训练起来会更容易一些，那时候不是每个人的大腿上都放一台笔记本电脑，不是每周 7 天、每天 24 小时都能接触娱乐节目。

正像通过钓鱼可以得到一些正念训练的启迪和技能一样，通过另外一项户外运动，在青少年时代，我也能够练习注意专注冥想。我有很多很棒的叔叔、表兄弟姐妹以及家人朋友，他们经常带我去打猎。在零上 30° 的高温下坐在树林里，只有呼吸陪伴着你，当等待一只小鹿走进空地的时候，那是一种很美妙的方式，不仅可以培养我们的注意专注能力，还可以培养我们的耐心，以及不抱怨的微妙艺术。

一旦小鹿走进视野范围，你的肾上腺素立马充满全身，心脏恨不得从胸腔里喷薄而出，但是如果想捕获那只小鹿，让家人享用一段时间的人间美味，你必须保持冷静、安静和稳定。

你很快就会看到，当机会合适时，这三项核心的正念技能，以及我在人生旅程中学会的其他感悟，马上就会发挥作用，露出峥嵘。

如何运用这三项技能

第一项技能在我职业生涯早期非常有效。当我飞往南卡罗来纳州杰克逊堡基地时，也就是奔赴军队的那天，我人生中第一次坐飞机。很快我就发现，对于坐着飞机飞在高空，我感到极其恐惧。这种恐惧体验的强度非常之大，让我几乎不能呼吸，手抓扶手紧张得直冒汗，额头上也挂满了汗珠。我可以保证，当你看起来如此恐惧时，乘务人员肯定会过来询问，你是否感觉还好。

谢天谢地，我终于完成了人生的第一次飞行，同时我也意识到，我需要克服高强度的恐惧，这样才能充分地体验我们生活的世界。所以，当我有机会到陆军空降学校去"学习"如何从飞机上跳下去时，我再一次陷入那种恐惧之中，但是这时候我是心甘情愿地去体验。那是一次刻骨铭心的体验，无论身体还是想法，都被恐惧完全湮没，但是我依然跳出了（其实是跌落！）飞机。去感受高强度的恐惧，无论这种恐惧有多么强烈，依然坚持前行，当你学会这一点时，任何目标都能实现。

当我考虑培养第二项技能时，在几份备选的工作中，我对语言学家的角色非常感兴趣。其中，汉语言学家的职位牢牢吸引了我。

现在，如果你能够猜到，在高中班级里排名倒数三分之一的毕业生，对自己的智商有一些消极的自我评价，那么你绝对是正确的。各种想法都像潮水一样涌来："你从来都没学好西班牙语！""你还记得自己糟糕的高中英语吗？那可是你的母语。为了毕业，你不得不重修英语。你真的认为自己能够学会这个地球上最困难的语言吗？"但是，在那个时刻，我能够抓住并释放那些毫无裨益的想法，并努力去做我应该做的事情。

下一步就是完成一项测试，衡量一下我的能力，这也客观地表明我确实具有语言学习障碍，包括阿拉伯语、汉语、越南语等。但是，跟"起点参差不齐"所描述的情境一样，当有客观证据表明一件事情的时候，我的内心却有相反的感受。我的头脑在说："我不可能学会汉语，我甚至都学不会西班牙语。"但是，我做了什么呢？我选择开始学习汉语。如果连汉语我都能学会的话，即便我依然还会不停地抱怨，并且跟恐惧有关的想法还会不断涌现，但是我肯定可以做到任何事情！

我很快就来到了位于加州蒙特雷的国防语言学院（Defense Language Institute，DLI），这是军方培养熟练的语言学家的主要基地。幸运的是，我居然没有觉察到50%~70%的流失率，如此高的流失率，只会强化我已经体验了成千上万遍的、毫无裨益的内心对话。

"汉语普通话基础课程"其实是63周的高强度训练，根本不是"基础课程"。全班30个人，被分成10个人一组，进行面对面的教学；在这种高强度的训练中，房间里的任何一个角落都无处躲藏。

最初开始学习这门课程时，我内心充满了前所未有的决心和动力。整个课程的前1/3，我都跟打了鸡血一样，在每天8小时的课堂教学之外，自己还要再学习2~3小时。虽然这张时间表极具挑战性，但是我依然坚持不懈，因为我认为自己还没有尽到最大努力。但是当第一学期结束公布成绩的时候，我非常沮丧。我付出了辛勤的汗水，每天学习10~11小时，在房间里聚精会神地高强度学习，动手制作了数百个闪卡（1997年的时候，还没有手机App），周末数小时的练习，但是最终在所有的评分领域只拿到了B+的成绩。

是的，你没有读错！让我冷静一会儿。我简直费了九牛二虎之力，在这一辈子中，我还从来没有如此勤奋地用功地去学习这个地球上最困难的语言之一。但是成绩单上居然是B+，我简直糟糕透顶！如果内心想法中闪现过诸如下面的一些话，或许也是一个不错的自动反应。"哦，我的天呢，四年前你的高中英语都不及格，刚刚在世界上最好的语言学校里，你的汉语课程居然得到了 B+！！！"我觉得那样想真的会更好一些，但是我的大脑都做了些什么呢？我们的大脑都会做些什么呢？它会特别强调负面的东西——我只得了一个 B+，我跟 A 失之交臂。到底是关注我们缺少什么，还是关注我们拥有什么？这会对我们造成什么不同的影响？就这个话题，稍后我会展开讨论。关于这个问题，我对内心的批评相当提防，我只让它们在恐惧和担忧的地方苟延残喘。

在那个时刻，我需要做出一种抉择。我曾经跟打了鸡血一样努力地学习，但是只得到了一个 B+ 的成绩，除了周五和周六晚上之外，我几乎没有什么社会交往。我那时结交了一些很棒的朋友，时至今日他们依然是我最好的朋友——埃里克、克里斯和海蒂，但是我并没有拿出多少时间来跟他们在一起。我"抓住并释放"关于自己失败和不够努力的自我批评，我觉得或许自己过度努力了。

为什么我如此努力却效果不佳？当我试图理解这个问题时，脑海中浮现的类比和开车有关。当我学习开车的时候，感觉非常艰辛，那时候我还很年轻，我会死死地握住方向盘，那种拼命用力感可以帮助我对环境产生强烈的控制感。直到我学会抓握方向盘的时候稍微放松一些，无论车辆行驶，还是我的驾驶才都变得平滑一些。也许我学习汉语的方式完全是错的？所以我让脚稍微松了一下油门，开始拿出时间和朋友们在一起，给生活增加一些平衡。我每天晚上依然会学习，但是我的决定不仅给自己的生活带来了更多的平衡，也让我在学习的时候对待自己的方式发生了巨大的转变。

我在国防语言学院的三个最好的朋友之一海蒂，也是汉语班的一名学生，进度比我们晚几周。当我们学习第 10 课时，她在学习第 7 课。我们开始一起学习，一起完成作业，学习效率却更高。

我们老师经常给我们布置的一项恐怖的作业叫作"速记"，让我们翻译录制在磁带上的汉语句子（是的，那时候我们还在使用磁带），但是这些录音并不是你在西班牙语或法语课上所期待的那样：声调清晰，音质优美。不，那都是一些混乱的指令，听起来就像在嘈杂的鱼市里，冲着另外一个背对你的人大喊大叫，而且录音好像是 1.5 倍速。这项作业如此残酷，以至于没有人喜欢完成"速记"。就像做深蹲一样；你知道很有帮助，但是脂肪拼命燃烧的时候，你会呕吐。好在我依稀记得，第二次跟海蒂一起做"速记"作业的时候，我表现得还不错。

我会先做完我的"速记"作业，然后帮助海蒂完成她的句子，这些句子我在三周前就已经完成了。第二次听这些句子的时候，我的压力没有那么大，并且努力确保我能听懂每一个词语。我放松、放下，只是去听。我很快就意识到，我可以用更少的努力抓住更多的句子，这开始提高我对自身能力的自信。但是真正让我感到震惊的，也是切实改变我生命的强有力的洞察是，我开始注意到，当海蒂犯错的时候，我对海蒂说的话，与我犯错误时，对自己说的话不同。

我对海蒂的评价充满了理解、友善、鼓励和关心。我和她的所有交流，都充满了耐心、共情和温暖，还有一丝幽默。与我跟海蒂的沟通风格完全相反，我内心的批评会把我的错误、失误和失败作为证据，证明自己学习汉语肯定会失败，然后我就会失败，犯这种"低级"错误，我简直就是个白痴。我决定做一些与以往不一样的事情。

在抓住并释放那些无益的想法之后（在出现失误或者面对挑战情境时，无益的想法会自动出现），我决定紧跟着提问自己一个问题："如果我教给其他人这门课程的话，将会对这些失误做何回应呢？"我从来不会说："嘿，笨蛋，这门课你肯定会不及格！"我对别人的回应总是更富关怀、更具支持。我不打算欺骗自己，我仍然需要学习这门语言并顺利毕业。空洞的陈词滥调或许毫无裨益，但是这种方法让我从自我攻击转向了自我关怀。

每天都有人对着我说汉语 8 小时以上，跟我人生中最好的朋友共同努力学习，这种情况持续了 63 周之后，我光荣地毕业了，最高绩点 3.7，阅读课程期末考试得到最高分，我的一位以汉语为母语的老师评论说："我从来没有在汉语阅读测试上，给出那么高的分数。"

我向自己证明，对于内心批评的声音，自己都不知道在说什么鬼话。从那之后我决定，如果我内心批评的声音跟自己说什么都做不了的时候，我偏要去做最具挑战性、最有趣、最令人兴奋的选择。对待自己内心批评的声音，要像对待我们在办公室里都会碰到的那些家伙一样，他们认为自己无所不知，对于新政策如何令人作呕，对于结果是否非常糟糕，他们有自己的"内在逻辑"。本来你试图委婉地指出他们所说的是错的；当对方向你说三道四或吆五喝六的时候，本来你也打算幽默回应，但是想了想之后，你还是决定转身离去，在那天剩下的时间里，再也不去想这个事情。当你学会了不一定非要相信自己针对自己所说的话时，世界的大门就会为你敞开。

你可以想象，因为在汉语课程上成绩的提高，我获得了一些自信，当然后来我也毕业了。正是在职业生涯的那个时刻，我决定为了获得大学学位而努力。我之前曾经说过，因为我周五从高中毕业，周一就飞往陆军基地，所以我并没有上大学。我可以选择利用国防语言学院组织的一些培训去获得专科文凭，所以在国防语言学院接受汉语培训的时候，我选修了一些课程，并在蒙特雷半岛学院取得了语言文学副学士学位 ①。后来，当

———————————

① 译者注：相当于国内的专科文凭。

我被分配到夏威夷的斯科菲尔德兵营时，我寻找到一个线上课程，既可以作为现役军人全时工作，又可以线上培训。我家里还没有人取得学士学位，我想打破这个循环，我唯一能做的事情，就是牺牲休息时间，专注于实现这个目标。经过努力，我在贝尔维尤大学拿到了商业信息系统的理学学士学位。在部队服役的不同时期，我花了几年时间在夜间工作，通过节省完成工作所需要的时间，我以优异的成绩毕业，成为家里第一个获得学士学位的人。通过学习在某个时期提前谋划自我发展和自我关怀，我意识到，要想实现某些目标，只需要经年累月地付出持续的努力，而不需要多高水平的天赋，不需要拥有多少财富。

■　■　■

我的人生旅程，从一个穷苦的孩子开始，阴差阳错地进入军队，成为一名应征入伍的士兵，学习汉语，接受教育，最终成为一名外交官。你可能会认为，那是我职业生涯的巅峰，是这样的。你可能会认为，我站到了世界之巅，是这样的。至少在外界看来，是这样的。然而，在我内心深处，一些自我挫败的想法仍然会时不时地浮现在我的脑海中，我仍然需要花费大力气去"抓住并释放"它们。

汉语课程结束之后不久，我也开始涌现出越来越多的想法，觉得自己不属于那个优秀的群体，认为自己是个冒牌货，当我不得不面对一些棘手的问题时，又认为自己在滥竽充数，很快就会现出原形。这些想法很难被"抓住并释放"，因为它们并不是对特定的外部挑战所产生的一些自动反应。与之相反，这些想法出现的时候更加隐晦，是对我整体觉察程度的一种反应，和我一起工作的同伴如此优秀，他们做过很多非常有意思的事情，都上过诸如哈佛、普林斯顿、耶鲁、布朗和哥伦比亚等名牌大学。

所以，当我打算申请研究生院，大使馆的同事建议我申请哈佛大学的时候，我告诉他，这简直有些"异想天开"了。我迅速地回答对方："我就是个高中毕业生，哦，对，我还有一个线上的本科文凭。"我向对方解释道，那将是一次巨大的时间和金钱浪费。另外，申请哈佛大学就像用税收申报换取一张彩票一样，必须要等到3个月之后才能知道中奖号码。但是即使申报税收，也要比申请哈佛大学容易得多。我的"抓住并释放"系统离线了。我无法抓住任何事物，我完全被我的想法所创造的故事占据。

回顾一下我之前描述过的职业生涯路径，我不知道你如何定义自己生活中的成功，我肯定也不认为，所谓成功，就是一个成就接着另一个成就（通过外部成就去寻求幸福或者自我实现，我可以告诉你一堆故事）。然而，在我生命中的那个时刻，我非常清晰地知道，有充分的证据表明，即使我害怕并认为某些愿望看起来似乎根本不可能，这也并不意味着实际上真的不可能。例如，如果我屈服于恐惧，相信那些消极的自我对话，就不会跳下飞机、不会学习中文，也不会做出后续一系列事情。考虑到这些事情的安全级别，我早就逃之夭夭了。但是现在，当提到申请哈佛大学的时候，所有局限性的想法都自动地浮现在了我的脑海中。

尽管有大量的反面证据，以及我的"抓住并释放"系统已经如此强大，为什么我的大脑还会出现这些消极的想法呢？好吧，正如我已经发现的那样，大量研究也已经证明了这一点，我们的大脑并非设计用来让我们快乐的，而是设计用来保护我们的安全、确保我们的生存的。所以，在那种情况下，我的大脑会自动开始预测，如果我抓住机会申请哈佛大学，大脑预测的答案是这样的："这场努力终将导致失败。"失败等于什么呢？在我的大脑看来，失败等于痛苦。因此，我的大脑开始升腾起这样的想法，认为这根本不可能，附带着出现了这样的自我对话，如"甚至都不要尝试，你以为你是谁啊？""如果失败了，你就是自取其辱""让我们去做一些更现实的事情吧"。为什么会产生这样的想法？因为这些观念和自动化的想法可以促使我采取行动（或者避免行动），避免失败（避免痛苦），并让我待在舒适区（让我感到安全）。它们同样会阻止我去冒险。

但是对我来说幸运的是，在接下来的3周里，我的同事询问了我好几次，我是否已经申请了哈佛大学。谢天谢地，我的"抓住并释放"系统终于开始启动了。我让内心的批评自说自话，我放下它们并询问自己："如果在以前的生命中，我能够让'不可能'变成可能，那么这次为什么不行呢？"我得到的回答是："你无法控制结果，无法控制自己是否能够被接受，但是你可以避免把自己踢出局，你可以控制在申请过程中付出多少努力。"这些想法让我迈出了第一步，最终申请了哈佛大学。令我非常惊讶和高兴的是，我在2010年4月8日收到了哈佛大学约翰·F.肯尼迪政府学院的电子邮件，第一行字赫然写着"祝贺你！"。我真的觉得自己跟中了彩票一样，甚至中彩票的概率都要比我曾经告诉自己的概率要大很多。

在整个过程中，我学会的是，我们可以被裹挟着，盲目地相信头脑中浮现的所有想法，也可以看到想法本来的样子，它们只是想法而已。有时候这些想法是正确的，有时候这些想法只是部分正确，有时候这些想法是完全错误的。我还学会了，与他人沟通是检查我们自动化思维的好方法，我们可以从被我们所忽视的其他观点中获益。这些领悟鼓舞着我，成为一名高层管理者教练并开始教授正念。正念是如此强大的工具，能够发现并超越我们局限性的想法，或者其他阻挠成功的心理障碍，从而为我们一生中可能遇到的机会打开大门。

■ ■ ■

通过描述过往的人生旅程，我希望能够向你展示：不是过去决定了未来，而是现在决定了未来。当我们全情投入地生活时，正念可以帮助我们活在当下，并影响我们的生活。无论你来自哪里，无论小时候父母对你说过什么，无论你的孩提时代家庭富有还是贫穷，无论别人拥有什么而你以前未曾拥有或现在也并未拥有的，这些都无法决定你是否能够茁壮成长。你选择了去关注什么，去发展什么，今天去做什么，当前这一刻，才决定了你生活的质量。

确实，生活中我们可能会坚信这样的想法："如果我有她的生活条件，也会跟她一样发展得那么好"，或者"他当然会成功了，他是嘴里含着金钥匙出生的"，或者"像我这样的人不可能做到那一点"。但是沉溺于这种"比较的思想"、坚信这些自我设限的想法，其代价就是让你感到痛苦，陷入受害者心态，裹足于舒适区。是你的头脑把你局限在舒适区吗？舒适区恰恰是你的梦想破灭的地方。只有被挤压到舒适区的边缘并突破这种边缘，我们才能够设置目标并实现目标，迫使自己成长，去超越我们的头脑曾经告诉自己能够完成的目标。

军队是我第一个尝试三种正念技能的地方。我的军旅时光在帮助我发展健康的自律方面发挥了重要作用。它让我见识了很多为自己设置高标准的战友，并努力仿效；它向我展示了努力和回报之间的因果关系；它给了我另外一个价值观框架，用来指导我的行为和决定；它帮助我看到了生活中为他人服务的巨大好处。

无论在哪里，你都可以开始培养这三种正念技能，你不必非要参军不可。参军恰好是我人生旅程的第一个决定，至于我的人生，很多人会认为我从原有的生活、原来的家庭中拿到了"一手烂牌"，我原本可以破罐破摔。我认为如果我破罐破摔的话，别人不会责备我，我也可以把自己孩提时代贫穷的社会经济地位作为借口，保持自己的卑微，一辈子活在抱怨中。恰恰相反，随着慢慢长大，我学会打好手中的牌，学会享受人生旅程，坐看人生起起落落。我努力不把时间浪费在抱怨发牌的人（上帝、宇宙、父母、老板），抱怨洗牌的人（运气、偶然性），去看别人的牌（很多人比我幸运太多）。长期来看，那样做事对我毫无裨益。

取而代之的是，我享受纸牌游戏，偶尔虚张声势，从不害怕时不时地全身心投入。生活在一开始确实给了我们一把纸牌，虽然我们无法改变手中的牌，但是可以自己做出决定，对生活做出何种回应；正念帮助我们从自动反应转向深思熟虑的回应。

此外，我们每一个人都会时不时地得到机会牌。如果我们活在当下能够看到这些机会牌，对自己的内心对话足够正念能够抓住这些机会牌，在遭遇人生不可避免的挫折、错误和失败（反过来也是学习的机会）之后能够对自己足够关怀，掸掉身上的灰尘继续前行，就可以利用这些机会，让它们成为人生旅途中改变的契机。

就跟我的霍华德叔叔一样，他毫无保留地分享自己的领悟，我保证也做到这一点。我不会教给你应该相信什么，不应该相信什么。我不会含沙射影地告诉你，你的政治观点是错误的。我不会建议你买一个铜铃、一尊小佛像，或者一串念珠，以便学习正念并从中受益。我将为你提供下面这些知识、领悟和练习，为你播下种子，为你提供工具，从而让你超越局限性的观念，实现你的梦想，更加轻松地驾驭生活。

■　■　■

很多人打开一本书之后，从来没有把它读完。如果你也是这样的人，大可不必担心，但是我依然希望，当你打算合上这本书的时候，能够带走本章介绍的三项技能。如果你能够坚持读下去，这三项技能将会影响你的生命。你肯定已经学会了聚焦并控制你的注意力。即使你没学会，其他人可能已经学会了。控制注意力是人类赖以生存的基础。你需要学会对自己的内心对话保持觉察，需要知道它们如何影响你的心理、你的生活。如果迷失在这些内心对话中，你就会被它们所控制。最后，使用"抓住并释放"技术打破内心对话对你的控制链条。这三种技能相互促进。增强对自身注意力的掌控能力，将帮助你觉察到毫无裨益的内心对话，然后这种觉察又让你"抓住并释放"那些毫无裨益的内心对话，从而解除它们对你的控制，这反过来可以让你更加轻松地掌控自己的注意力。图1-3很好地诠释了这个过程。

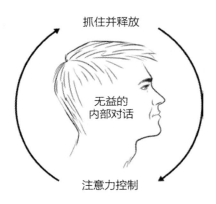

图1-3　抓住并释放

来源：From 99designs. com/Konstantin. Reprinted with permission of 99designs. com.

为什么现在开启正念

2 第二章

每年，我向数以千计的人教授正念，其中包括企业员工、高级管理者、企业主、政府官员等，按照这个世界的评价标准，他们都是超级成功人士。他们当中的大多数人每天穿梭于职场，从不进行正念训练。这一点跟你一样，亲爱的读者，每天穿梭于职场，从不进行正念训练。这些成功的企业经理人或政府管理者，已经硕果累累了，为什么他们现在却要改变自己的生活方式？你为什么要练习正念？你和他们有什么不同？工作日程已经排得满满当当，为什么还要增加一项日程？

我想有必要进入商业转型领域，看看当前的公司正在做什么，以此类比我们个体的境遇。根据美国市场调查与咨询公司 Marketsandmarkets——一家 B2B 研究与市场情报公司预计，数字化转型市场已经从 2018 年的 2900 亿美元增长到 2023 年的 6650 亿美元。为什么那些公司要花费大量金钱去改变自己的商业模式呢？一个词，破产！

在企业生存能力这个问题上，企业领导人可不能犯迷糊。要命的是，现在的企业生存能力——该词语用来描述企业抵御破产、危机或其他企业消极影响因素的能力，正在逐年下降。Innosight 公司曾经发表过一篇高层管理者简报，名为"企业寿命：大型组织动荡的未来"，描述了一些公司在标准普尔 500 指数上的寿命越来越短。简报声称，1965 年，上市公司在标准普尔 500 指数上的平均寿命是 33 年。到了 1990 年，平均寿命缩短到 20 年。2026 年的预期值是 14 年。这一趋势足以引起负责任的企业领袖的关注，并采取措施确保公司富有活力、保持强大。发生了什么？大规模的技术变革！

今天，公司必须管理的变革、创新、信息和破产的数量和速度，在这个世界上前所未有。近代历史上充斥着失败的公司，它们无法适应快速发展的技术世界这个崭新的现实。还记得百事达吗？柯达？无线电器材公司？博德斯书店？对企业来讲，这些信息很清楚：如果企业不变革以适应当前的现实，就将成为哈佛商学院"不应该做什么"的案例研究。

下面列出了一些主要的创新和变革，各大公司不得不适应或融入其商业模式：

- ◆ 人工智能
- ◆ 机器学习
- ◆ 区块链技术
- ◆ 增强现实
- ◆ 虚拟现实
- ◆ 云计算
- ◆ 5G
- ◆ 物联网
- ◆ 远程工作技术（当我 2020 年撰写本书时，因为新冠疫情，很多人正在居家办公，迫使很多企业迅速适应该技术）
- ◆ 高级的网络安全方面的持续威胁

这个清单还可以延长，因此，在数字化转型领域，每年都有数百亿美元的市场机会，专业的咨询公司需要帮助引领这些公司通过这些转型，不仅是让这些公司在快速技术变革中生存下来，而且要让它们在其中发展壮大。

我们真的认为，作为个体，我们没有受到现代世界科技变革的影响吗？当前我们每个人都面临着企业变革、信息革新和企业破产，其数量和速度与20年、10年、5年前相比，存在着巨大差异。如今，对个体"休息"时间的工作要求明显增加，导致工作时间和家庭时间、个人时间之间的界限越来越模糊。在这个全新的"注意力经济"时代，越来越多的人试图掠夺我们的注意力，企业也学会了攫取、维持我们的注意力并将其货币化。我们面临着一场复杂性的危机，经历着一场注意力分散的灾难。

如果你对自己足够诚实，很可能会遇到如下情况：你的工作及其与工作相关的活动占用了你大部分的注意力。你手机上的一两个应用程序也占用了你很大的注意力。奈飞公司一部引人注目的电视连续剧也占用了你的一部分注意力。除去它们，你的配偶、孩子、其他家庭成员和朋友等，分享了剩余的部分，当然他们得到的注意力是相当零散的。在这种情况下，我们是怎么有时间读书读到这里的呢？

■　■　■

消费者可以购买的第一款智能手机，是1994年的"IBM西蒙个人通信设备"，但是该款手机在退出市场之前的6个月里，只售出了大约50 000台。尽管它拥有一些尖端的移动功能，如日历、计算器、传真和记事本等，但是消费者能够使用的电池续航时间却只有1小时。直到2002年，加拿大移动研究公司（Research in Motion，RIM）才将黑莓手机推上了历史舞台，并且实现了巨大转变，从只能在工作场所工作，转移到了在任何场所都能工作。黑莓手机实现了工作E-mail的变革，它们的销售人员成功说服了企业领导和 IT 经理，允许服务器把工作 E-mail 推送到数以百万计企业员工的手机终端，无论它们在哪里，都可以推送到。现在，企业高管可以随时查看 E-mail，无论在单位、在家里、在火车站、在酒吧，还是在餐馆。看，多么方便！

这款设备受到企业精英的热烈欢迎，仅仅 3 年之后的 2005 年，CNN 就报道称："黑莓手机上瘾的迹象无处不在。"该报道后来预测："随着黑莓手机的不断普及，人们必然会抱怨过度工作，已经上瘾的职场人士将无法放下这款设备。"文章援引加拿大移动研究公司创始人迈克·拉扎里迪斯的话说："对我来说，使用黑莓手机，最大的抱怨来自我的妻子。我意识到，很多高管都会面临同样的问题，所以我想到了一个完美的解决方案，我也给她买了一个，并且我建议其他高管也这么做。"

2005 年，每位职场人士平均每天只收到 23 封商业邮件，就导致配偶抱怨，记者报道潜在的成瘾风险，研究人员也开始调查商业邮件对工作超负荷和工作倦怠的影响。哦，天呢，这个时代变化太快！我宁愿每天只收到 23 封商业邮件！我们根本不知道接下来会发生什么事。仅仅 10 年之后的 2015 年，这一数字就飙升到 88 封商业邮件，平均每天发送 24 封商业邮件，每天共接收 112 封电子邮件。

2007 年，iPhone 以迅雷不及掩耳之势席卷全球，开启了真正的智能手机竞赛，最终使智能手机拥有电子邮件、网页浏览、社交媒体应用程序等诸多功能，并且让智能手机进入数十亿人手中，而不仅仅停留在职场人手上。时间快进到今天，无论是电子邮件的普及程度，还是媒体的消费速度，都让 2005 年成为人类历史上最休闲的时光。

2019 年，美国成年人平均每天消费媒体 10 小时 30 分钟，时间构成情况如下：在数字媒体上 6 小时 35 分钟，在电视上 3 小时 35 分钟，看报纸 11 分钟，看杂志 9 分钟。让我们稍微暂停一下。我们每天花费超过一半的时间来消费媒体。这意味着什么？也就是说，在剩余 13 小时 30 分钟里，我们要完成睡觉、工作、吃饭、洗澡、聊天等所有事务，或者说我们在做其他事情的同时消费了大量媒体，也就是所谓的"多任务"。

这就是我们现在生活的世界。这是一个我们持续努力同时完成多项任务的世界。因此，与同一时间聚精会神地完成一件事情相比，我们所做的大多数事情更加糟糕。但是我们觉得没有足够的时间，完成我们想要做或者需要做的所有事情，因此，为了更加多产、更加高效，我们只好比以往更加狠踩油门，通宵达旦地工作，牺牲家庭时间，或者减少睡眠时间。格洛里亚·马克是加州大学欧文分校信息学系的教授，她是世界上最著名的研究人类与技术互动影响的专家之一。她的一个主要研究领域是工作场所的电子邮件使用，以及注意力分散和多任务处理如何影响情绪、压力和工作效率等。她的底线，2014 年《环球邮报》援引她的话说："数字行为对我们来说是一种福音，但是它并非没有成本。成本就是压力和注意力分散。我们的工作效率并不像我们预期的那样好。"我想补充一句："尽管我们自己感觉，效率好像是提高了。"

最后一部分可能会让某些人感到震惊。你现在可能会问："等等，你的意思是说，我在处理多项任务的时候，工作效率反而更低吗？"我的答案是肯定的，但是并不是那么简单。多任务处理，其实只会导致你在单一任务上所花费的时间更短，但不是因为你更加高效。例如，假设你必须为老板准备一份工作材料，并且你有 60 分钟的时间。在这份材料上工作了15 分钟之后，你把屏幕切换到了网络售票平台，网络销售一旦开启，你可以抢到一张音乐会门票。你会在准备材料和抢购门票之间多次切换，为了拿到那张票，花费了你 30 分钟时间。你回到工作材料上，只有 15 分钟时间了，所以匆匆忙忙把它交上去，但是质量肯定不是最好的。所以，在这种情况下，你确实是在 30 分钟时间内完成了工作材料的任务，而不是全部 60 分钟，但是对质量有何影响呢？也许你其实并不需要全部 60 分钟时间，与坚持单独完成每项任务相比，在不同任务之间来回切换肯定影响到你的产品质量。这些例子已经在实验室测试中得到了惊人的结果。埃克塞特大学的研究员斯蒂芬·蒙塞尔回顾了大量关于任务切换（包括他自己的任务）的研究，发现当人们在简单任务之间来回切换时，他们在任务上花费的时间更长，犯的错误更多，这被称为"切换成本"。除此之外，即使人们提前做好了准备，如他们知道切换即将到来，知道新任务将是什么，虽然切换成本减小了，但是这种成本依然存在。

这项研究告诉我们，多任务处理依然是个神话。我们其实并不能在关注两件（或者更多）事物的同时，还能保持高产和高效。与之相反，我们只能同时处理一件事情，然后在不同事情之间来回穿梭（也就是语境切换），而给予单项任务间歇性的注意，只会损害我们的效率目标。感觉上认为富有成效的行为方式，其实是最低效的工作方式。

在现代世界的背景下，这种情况相当可怕。我们持续遭受 E-mail 提醒、短信通知和社交媒体叮咚声的轮番轰炸，表明我们发布的帖子又得到一个"点赞"和评论。就像船长听到了鸣笛的声音，被吸引着进入浅水区，去撞击隐藏的岩石。我们被智能手机的提示音所吸引，把我们囿在注意力分散的岩石上，把我们拖入浪费时间的洪流。对 E-mail 和社交媒体的"快速检查"，除了导致效率低下之外，"快速检查"自身也需要成本。格洛里亚·马克在 2004 年和 2005 年发表的研究表明，上班族每 3 分钟就会被打断或者自我打断一次，在被打断后，平均需要 23 分钟才能回到原来的任务。多任务处理不仅会降低你的时间效率，让你的工作更容易出错，而且每工作 3 分钟就要被打断一次的话，你需要花费 30 分钟时间才能回到最初的任务。在经历这么长时间的休息之后，你还能回到最初所做的工作吗？说到休息，我们需要进行迅速的区分。休息一下，真正的休息。例如，在一个项目上连续工作 60 分钟之后，到外面散步 15 分钟，那是非常有帮助的。那可不是我们现在正在讨论的休息。每隔 15 分钟检查一下你的社交媒体，那可不是"休息"，至少从你的大脑角度来看，不是这样。事实上，那样只会增加你的压力水平。

我们完成任何事情都很神奇。整个情况最可怕的地方在于，影响我们的不仅仅是外界的干扰和打断，内部的干扰在影响我们生命质量方面起的作用更大。

■　■　■

有这样两句话，在过去很多年里，我都拿来跟部队或情报界的朋友们开玩笑，并从中受益良多。第一句话是"发动机在运转，但是方向盘后面没人"。第二句话是"灯亮着，但是家里没有人"。这两句话的根本含义是人的肉体在这里，注意力却不在这里。在部署任务和执行任务时，我们使用这两句话去讽刺部队战友或情报官员，挖苦他们由于缺乏对环境的觉察能力，没有把注意力集中在正在做的事情上，从而导致人员伤亡。这两句话揭示的主题是一致的，虽然身体正在某个地方或者正在做某事，但是精神没有活在当下。说得更简单一些，人在曹营心在汉，人在焉心不在焉。

你肯定知道我在描述什么，因为你以前去过那里。也许你之前开过汽车，在旅途的某个地方"忽然醒来"，几公里路程（甚至更远）已经擦肩而过。也许你之前已经开车穿过了某个十字路口，然后立即希望交通信号灯是绿色的，因为你刚才没有注意到它变成绿色。这种情况在我们身上时有发生：我们的身体在一个地方，我们的精神却在另一个地方。我们的精神经常穿越到未来，琢磨即将发生的某件事情，试图预测之，因其焦虑，为其担心，或者为之兴奋。当我们不在未来的时候，或许我们又在重温过去，后悔我们过去做过的事情，幻想着我们能够改变过去，或者紧紧抓住一些已经消逝的东西。我们或者活在过去或者活在未来，唯独没有注意到当下正在我们面前发生的事情，这样做是有代价的。

2010 年，哈佛大学的两位心理学家——马修·A.基林斯沃斯和丹尼尔·T.吉尔伯特，进行了一项研究，标题为"走神的头脑，让你不开心"。他们发现，我们的头脑 47% 的时间会走神，会离开当下。在其研究中，通过手机程序追踪了 2250 人，让他们随机记录一天当中心情和注意力集中变化情况。随着数据陆续上传，在许多活动中，对于走神对情绪和一般幸福感有何影响，研究者发现了一些端倪。他们发现，走神和不幸福之间存在正相关关系。在这个研究中，正相关可不是一件好事儿。那意味着，你的大脑越走神，你就越不快乐。

在这个研究中，人们报告称，与走神的时候相比，当注意力集中在当下的时候，幸福感水平更高。真正的问题在于，他们正在做什么事情，那并不重要。让我们虚构两个人物，迈克和玛利亚生活在两种截然不同的情境当中，看看这句话究竟意味着什么。迈克正在机场快速安检那儿排长队，这是他第一次乘坐飞机，他不知道还需要脱下鞋子和腰带，不知道还需要把笔记本从包里拿出来，因此他耽误了飞机。迈克还可以有更多戏份。玛利亚正在家里的躺椅上休息。如果迈克的注意力就在当前这一刻，那么玛利亚的头脑正在走神，玛利亚的情绪很可能比迈克更不幸福。事实上，"休息"是人们在做的最不快乐的三大活动之一。原因其实非常简单，当你休息的时候，并没有真正投身于特定的活动，你的头脑在走神，正如研究的标题所揭示的那样，"走神的头脑，让你不开心。"

人在焉心不在焉，在高度危险的操作情境中，可以让你本人或其他人招来杀身之祸，也可以让你在洗碗的时候，割伤自己的双手。我们现在知道，人在焉心不在焉，也是导致你不幸福的原因。但是为什么呢？我的意思是，难道思考不好吗？当讨论企业为什么要进行数字化转型时，我们不是认为思考可以带来惊人的技术进步和发明创造吗？人工智能、机器学习、区块链、增强现实。难道不是思考促进物质条件的飞速发展吗？如空调、DVR、切片面包，还有比萨？没错，思考促进上述事物的飞速发展，但是思考并不总是带来帮助。

■ ■ ■

想象一下，某个瞬间，你最好的朋友。无论他是谁，让他们活灵活现地出现在你的脑海中。现在，想象一下你最好的朋友正在对你讲话，内容就是你在自我批评的至暗时刻，自己对自己所讲的话。

- 你跟朋友分享说，你有机会申请团队的管理者角色，你最好的朋友对你说："你觉得你够资格吗？你连自己都领导不了，怎么去领导他人呢？"
- 你跟朋友分享说，你不小心把白衬衫跟刚买的红衬衫混在一起洗涤，结果把白衬衫染成了粉红色，你最好的朋友对你说："你真笨到家了。你怎么犯这么低级的错误呢？"
- 看到你穿着泳衣，你最好的朋友对你说："你锻炼过身体吗？你这身材，让人觉得恶心。"
- 在酒吧，你正想跟某个帅哥/美女聊天，结果那个人转身走开了，你最好的朋友对你说："你真的觉得那个帅哥/美女，会被你这样的人所吸引吗？"
- 你正在分享沮丧的经历，钢琴学习进展缓慢，你最好的朋友对你说："别再做无用功了，你弹得一直就不好。"

你会和以这样的腔调跟你说话的人做朋友吗？我知道我不会跟自己

内心的批评成为朋友。如果有人总是以这样的方式跟你讲话，你俩肯定会吵架，但是我们经常跟自己这样交流。我们不仅自己跟自己这样讲话，而且对所讲的话坚信不疑。

在你做得不够完美的时候，内心的批评或内心的评价会严厉地斥责你；当你打算采取某种行动，或者做出某种决策的时候，内心的批评或内心的评价会说出很多风凉话，让你变得悲观。正当我们打算采取坚定的行动或创造性的行为时，内心的批评就会跳出来，发现所有可能出错的地方，告诉你为什么不适合这项任务，或者风险太大。在各种各样的生活情境中，都会出现这种状况。当你琢磨是否跟某人约会时，当你考虑是否需要申请加薪时，正如你已经读过的，当我决定是否申请哈佛大学时，这些内心的想法就会跳出来。

其实，你现在可以向自己提问这样一个问题，看看会发生什么。问问自己："我能进入哈佛大学吗？"如果你像大多数人一样，内心对这个问题的反应很可能是，"你在跟我开玩笑吧？"或者"比登天还难，不可能！"。如果那是你的内心反应，你可能会对我说："好啊，当然，我打算考虑考虑；我可不像那些已经进入哈佛大学的人。那些想去哈佛大学的人，都超级自信、超级聪明，他们可不会有那种反应。"我也这么想。后来，在哈佛大学肯尼迪学院的研究生迎新论坛上，一位管理人员对参加论坛的人说："在这个房间里或许有一个人，也许是两个人，他们认为自己不可能进入哈佛大学，当收到通知书的时候，他们可能会认为肯定是我们搞错了。"每个人都大笑起来。每个人！为什么呢？因为事实是，没有人会认为他能够进入哈佛大学。大多数人都把自己排除在外，不去申请，从而确保自己不会得到机会。还有一些人，也认为自己不可能得到机会，但是他们还是申请了。

这时候，你可能会再次提出一些合理的反对理由："嗯，哈佛大学的录取率非常低，人们会自动认为他们不可能得到机会，这是说得通的。"在大多数情况下，自动假设任何东西都是相当糟糕的做法，但是这种做法根深蒂固。如果人们把自己排除在一些概率极小的事件之外，如中彩票、赢得超级碗、赢得奥运金牌，或者去国际空间站旅行等，这是一回事。不幸的是，人们不仅在考虑这些极小概率事件的时候，会触发这类想法，他们在考虑是否写一本书，是否担任领导职位，是否创业，是否唱卡拉 OK，是否在公众面前讲话的时候，也会出现这种情况。出现这种情况是有原因的，我们将之称为消极偏差，它严重破坏我们的生活。

■　■　■

想象一下，黄昏时分，你走在某个国家公园的狭窄小路上，忽然，你看到一条蛇正盘绕在小路的正前方。你肾上腺素飙升，瞬间被恐惧淹没，立即停下了脚步。你环顾左右，看是否还有其他道路，但是现在林深树密，天色昏暗，绕过去不是一个好的选择。你决定走很远的路返回营地，避免发生危险。第二天，你又经过那条小路，看见昨天晚上发现蛇的地方，居然躺着一根绳子，肯定是前边的徒步者不小心掉下的。你把绳子误认为蛇，避开了那条道路，躲开了那个"危险"，但是其实并没有真正的危险。通过这个故事，我们可以吸取很多经验教训，这个故事在印度和佛教的语境中广泛流传，传递的概念是，如何看到事物的本质。当然，我在这里引用这个故事的时候，有很多达尔文进化主义的色彩。

你看，从进化论的角度来讲，看到地上躺着一根绳子，把它误认为一条蛇，并采取措施躲避，对我们是非常有利的。犯这种错误，总比犯相反的错误要好得多。也就是说，看到一条蛇躺在地上，误以为这是整个下午都在寻找的绳子。你弯下腰把它捡起来，蛇一下子咬住了你的喉咙！游戏结束！我们的祖先犯过那样的错误吗？不，他们不会！我们和这样的祖先没有关系。我们与之有关系的祖先，是那些只犯过一次错误的祖先。我们从他们那儿继承下来一种倾向，在没有危险的地方看到危险，或者即使没有危险，我们的大脑也会放大危险，那样我们就能做出最安全的选择，让我们待在舒适区，感受温暖，有所依靠。对于舒适区会发生什么，我们了如指掌。

我曾经提到，从进化论的角度看，大脑的这种倾向对我们非常有用。今天之所以会产生问题，原因在于，我们对许多没有生命威胁的情境，却采用一万年前在沙沙作响的灌木丛里遇到剑齿虎一样的方式，去做出反应。在现代世界，当我们正在应对的"剑齿虎"已经变成害怕公开演讲、害怕批评、害怕尴尬和害怕失败时，过去所采取的方式就没有帮助了。甚至对那些只是不符合我们愿望的情境，我们也会做出同样的反应。

消极偏差基本上会影响所有的现实。消极偏差所制造的很多故事，并不为我们的目标、我们的幸福服务。它会让很多原本愉悦的情况变得很悲惨。关于这一点，路易斯·C.K.曾经讲过一个笑话，在地铁里，从纽约到洛杉矶只需要 5 个小时，有的人不惊叹于如此奇妙的旅行，却在抱怨，只是因为 Wi-Fi 速度有点慢，或者需要等待飞机滑行 15 分钟。我见过一位成年男子，在飞机上疯狂责骂自己座位周边的人，因为他们不能把该男子随身携带的行李箱放在其座位正上方的行李架上。这里发生的事情是，这些家伙只注意到那些没有满足其愿望的东西，却没有注意到正在他们面前发生的惊奇的事情。

我承认，飞机上的 Wi-Fi 是有点慢，但是它能够向卫星发射看不见的信号，卫星又被安装到火箭顶部，并被发射到太空。现在卫星正在绕地轨道上运行，正在把你和人类历史上收集到的最多的信息连接在一起。这简直太奇妙了。你现在这趟旅行只需要 5 个小时，这在以前却需要 4~6 个月，你还不得不和几十个人一起上路，因为这趟旅程充满艰辛，很多人都死在了半路上。我们现在可以只用相当于一个下午的时间，就能穿越整个美国大陆，而不需要去啃食同类，这简直太酷了。

我不想在这里给你留下错误的印象。正念不是让你忽视所有消极的体验和境遇，让你把它们藏到地毯底下，不是让你只看到积极的东西，只看到彩虹满天，只去拥有幸福，只去拥抱快乐的想法，只去体验疯狂的喜悦。如果你碰到一位教师正在推销这样的故事，你能跑多快就跑多快，因为那个人正在把你送上一条邪路。正念不是让你进入一种特殊的状态；它能够让你非常清醒、足够觉察，以应对你当下所处的各种情境。正念能够给你带来的好处之一，是让你充分地接触所有的体验。当你能够充分地接触所有的体验，而不只是专注于那些能够满足你期待的事物时，你的生命体验就会发生改变。

■ ■ ■

我们在本章花了一些时间，讨论为什么你可以考虑进行正念练习。这个世界已经从电脑模拟时代进入数字时代。时代对我们的时间需求和注意需求急剧增加，为了满足这种更高的需求，我们首选的方法（多任务处理）其实非常低效，而且增加了我们的压力和焦虑。几乎在我们所有清醒的时间，我们都会遭到分心的狂轰滥炸。我们的大脑有 47% 的时间在走神，我们过度关注消极的东西。即使从历史发展的角度来看，我们的财富积累、医疗保健、生活质量都在往好的方向发展，但是我们并不开心。这种情况已经对数以亿计的人造成了消极影响，在这种背景下，科学家开始寻求方法、采取措施，以应对这些挑战。很多人声称正念可以解决这个问题，因此就让我们来看一下，为什么科学家说，正念可以让现代人受益。

3 正念的科学基础

在过去的很多年里，我在世界各地进行主题演讲或正念训练的时候发现，有些人需要得到一些保证之后，诸如正念确实有效之类的，才会尝试练习，而且提供保证的那些人最好能够穿着在实验室里穿的白大褂。不是说需要这些穿白大褂的人为正念歌功颂德；无论是偏方性质的减肥计划，还是锻炼养生法，或者正念练习，这些人只是想在投入时间和精力之前知道其科学基础。在今天这种繁忙的世界，形形色色的销售员轮番轰炸，试图说服你去做神奇的事情，宣称能解决你所有的问题，在这种情况下，我非常理解你的立场。就我自己来讲，虽然我热爱科学，喜欢阅读诸多主题的最新研究，但是要想让我做出决策，在生活中加入一项练习的话，取决于这项练习是否能够经受得住时间的考验。正念，经过岁月沉淀之后，恰恰能满足这个标准。此外，我曾经在哈佛大学系统学习过统计课程，知道统计方法可以被随意操纵，知道如何操控 p 值，我自己也曾经亲自操控过研究结果，知晓社会科学和心理科学中的可重复性危机。现如今，我从来不会自动接受表面看似有价值的研究，我倾向于自己尝试一下，看看它们对我是否有用。我相信，但是我需要验证。

已经有著作专门探讨正念的科学研究，不同的正念研究者之间互相交流，积累了数以万计的科学研究。这本书不是那样的著作，我也不是科学家。我们只是尝试着浅尝辄止般地了解一下正念。我将简单介绍正念的一些研究成果，但是我强烈建议，你应该权衡的最重要因素是，持续的正念训练对你自身以及周围人的生活有何影响。在我们之前，已经有数百万人开启了正念之旅，在现代科学家开始关注正念训练可能会对人类大脑产生何种影响之前，很多人就已经踏上了正念旅程。在我看来，科学终于追赶上了数千年来人们已经知道的常识：你如何跟自己的思想相处，这至关重要！接下来，我将在本章跟大家分享（用通俗易懂的方式，尽可能地减少专业术语）我觉得引人注目的一些研究，以及跟我个人的正念练习体验相一致的研究。如果你想深入了解正念科学，我也会分享一些阅读建议。

正念可以改变大脑

我非常讨厌去戳破正念泡沫，但是又不得不这样做。即使不是上百的话，至少也有十几篇新闻文章、杂志封面、播客和正念教师等，都在声嘶力竭地鼓吹正念改变大脑，就好像这是重大科学发现一样，恨不得说服你马上就进行正念练习。他们的认识没错，正念确实会改变大脑，在大多数情况下确实如此。但是他们没有告诉你的是，当然，或许他们自己也不知道，几乎所有的东西都会改变大脑。当你开始学习弹琴的时候，会改变大脑。开启一次锻炼，会改变大脑。读一本书，会改变大脑（是的，你的大脑已经改变了，因为你正在读这本书，欢迎你）。在过去十年间，你已经注意到浴室地面上的一块瓷砖开始松动，那么长时间以来，你的大脑一直在改变。大脑的这种可以改变的能力被称为神经可塑性。正念的独特之处在于，它改变大脑的方式似乎与行为、感知和经验的改变有关，这种变化不仅会让正念练习者受益，而且会让他们周围的人受益。让我们看一下，将冥想者和非冥想者都放入大脑扫描的仪器设备，在正念训练之前、之中和之后都发生了哪些变化。

正念可以降低杏仁核的尺寸和活跃程度

杏仁核跟护卫差不多，其功能在于提醒并保护我们远离危险（当然还有许多其他功能）。当我们发现环境中存在威胁的时候，杏仁核就是引发逃跑、战斗或僵住三种自动反应的来源。它是高度被动的，从来不考虑后果。它专注于生存，会努力把注意力吸引到任何可能造成威胁的事物上。当危险发生的时候，杏仁核会启动身体内部程序，立即释放皮质醇，通常称之为压力激素，以及其他激素，让我们做好准备，采取行动，保护自己。我前面曾经提到，当面对剑齿虎或类似威胁的时候（还有一些其他情况），我们大脑的这种功能非常有价值。这并不是说杏仁核本身就不好。现代社会中非常普遍的一些"威胁"，如批评、失败、公开演讲等，这些事物其实并不威胁我们的生命，但是同样会引发这种自动反应。

人类杏仁核的尺寸和活跃程度都在降低，这或许是因为现实生活中人们的焦虑水平在降低，反应性的行为频率也在降低。在我的生活中，这一点得到了证实。即使事情没有按照我预想的方式进行，即使某人说的事情让我非常生气，即使我已经第八次让儿子捡起玩具而他却依然我行我素，我越努力地练习冥想，这种反应性的行为就会越少。我不是说我从来没有做过自动反应，从来没有说过以后会让自己后悔的话，但是和我每天进行冥想之前相比，现在要少得多。面对沮丧、痛苦或愤怒的情境，相对于做出自动反应，做出理性回应的好处，说多少都不为过。在你的生活中，有没有这样的情况呢？做出了理性回应，而不是自动反应。

正念可以增加前扣带皮层的活跃程度

你可以把前扣带皮层作为智慧的顾问。大脑的这一部分和深思熟虑的决定、自我控制（与之相对的是冲动行为／强迫行为）、情绪调节有关。想象一下，如果你是一个经常渴望并沉迷于吸烟、电子游戏、零食、社交媒体或电视真人秀的人，或者你也想少做或少使用这些东西，但是不知道为什么，你发现自己沉迷于其中的程度，远比你想象的大得多。进行正念练习似乎可以提供一些帮助。在管理冲动和渴望方面，前扣带皮层发挥着重要作用。科学研究发现，这个区域越活跃，渴望程度就会越低，情绪管理能力就会越强。我不知道你会怎么想，对于这样的结果，我看不出有何缺点。

当我二十来岁的时候，我在虚拟世界中花费了太多时间，投入现实世界的时间却很少，想在醒来或下班之后立刻上网，赶紧和"朋友们"联系。让我网络成瘾的是一款称为《无尽的任务》(EverQuest) 的游戏，我后来称之为"无尽毒品"。那是一款非常成功的大型多人在线角色扮演游戏，需要付出大量的时间和精力，才能提高自己在游戏中的等级和地位。大约有一年时间，我几乎每天都在玩这个游戏。因为缺乏足够的关注，所以也破坏了一段重要的人际关系，从那之后，我不得不经历戒断的痛苦。在接下来的几年时间里，我有意地回避玩所有的电子游戏，因为我担心万一玩一次，我又会上瘾。20 多年后，我每天都在进行正念练习，而允许视频游戏机出现在家里时，最初是因为我的侄子和侄女，现在是因为我的儿子，他喜欢《我的世界》。我经常和他一起玩游戏，但是再也没有体验过曾经拥有的那种渴望。或许是因为我成熟了，也可能是因为轻重缓急发生了变化。但是我怀疑真正的变化在于，我能够看到这份冲动会在某个瞬间出现，我不但没有忘记这份冲动，更没有被其所占据，我将这种能力归因于正念练习。

正念可以增加海马体的尺寸

海马体有点像闪存或 U 盘，其主要功能是将短时记忆转移到长时记忆、工作记忆、空间记忆以及其他功能的记忆。大量研究表明，正念练习和海马体尺寸增加有关，和工作记忆增强有关，而旧记忆的减少会影响新记忆的获取，这种现象称为"前摄干扰"。研究人员认为，正念练习或许可以降低或延缓老化、创伤后应激障碍（PTSD）和抑郁等对记忆功能的消极影响。

对于那些梦想有一天读研究生的人来说，正念练习除了可以增加工作记忆和其他记忆功能，还能够提高研究生入学考试（Graduate Record Examinations，GRE）的成绩。一篇研究摘要中提到：

正念训练不仅可以提高 GRE 的阅读理解成绩、提高工作记忆能力，同时还可以降低 GRE 考试和工作记忆测试过程中走神现象的发生。正念训练之后的 GRE 成绩之所以改善，是因为测试之前容易出现注意力分散的那些被试，其走神程度降低了。我们的研究结果表明，培养正念是改善认知功能的一种有效的、高效的手段，而且会产生深远的影响。

我不确定正念是否对我的记忆有所帮助，但是我知道正念确实对我的婚姻有所帮助，自从和妻子结婚后，我从来没有忘记结婚纪念日和妻子的生日。我曾经听别人说过，要想记住你的结婚纪念日，最好的办法就是忘记它，所以我在地面上写下一行大字，另一个好的办法是练习正念。与忘记结婚纪念日所遭受的痛苦相比，练习正念绝对轻松多了。

正念可以增加脑岛的尺寸

你可以把脑岛看作纯洁的、友善的自我，它关乎我们的关怀、共情、爱等情绪体验，关乎我们对自己身体感受的觉察，以及我们对自己的感知。当你感觉和某人产生深刻的联结或爱上某人时，你的脑岛就会帮助你体验到上述感受。我们都知道，与人产生联系和建立关系非常重要，那么为什么注意到自己的身体感受会对我们建立并维持人际关系如此重要呢？

身体感受是我们情绪体验的基础。想一想上次，你在没有得到任何告知的情况下，突然被要求当众讲话，或者到房间前排向一群刚刚认识的人介绍自己。这种情况往往会让我们感受到恶心，我们会为这种身体感受贴一个标签：焦虑。你还记得上次体验到惊讶或害怕的时候吗？你的身体有何感受？胸部突然刺痛，心跳加速？当你满脸涨得通红时，你感受到尴尬的温度了吗？我们会为自己的身体感受贴上一系列标签，包括"热爱""愤怒""沮丧""快乐"，以及其他我们每天都会经历的情绪变化。当然，你贴的标签和我的或许不同。正念练习似乎可以增强脑岛的能力，让我们更加清晰地感知到这些感受，能帮助我们尽早注意到这些情绪，并为之命名。当和别人意见发生分歧的时候，如果你能够比平时早 30 秒钟发现愤怒情绪的话，你会怎么想呢？这是否可以为你提供额外的时间去采取理性回应而非自动反应呢？

通过正念冥想，不仅可以提高你的自我觉察水平，研究表明，正念练习还会引起脑岛的变化，让你更加能够"感受"他人的痛苦和悲伤，从而表现出更多的共情回应。你会更了解自己，也会更了解他人。那是成功关系的必由之路。对我来说，面对惊心动魄的环境，既能够沉着应对，又能够表现出强大的关怀，那简直就是得道之人。

跟我们所讨论的其他大脑区域差不多，脑岛跟我没有列出的另外一些大脑功能也有关系，但是对于我们而言，这些证据已经足够了，足以说明正念可以对这一重要的大脑区域产生重要的影响。

■　■　■

根据美国正念研究协会的数据，仅在 2019 年就发表了 1 200 多篇正念的期刊文章。关于正念练习能够带来哪些好处，同样有很多研究，我只是蜻蜓点水一般做了一个概览。然而，就像你不需要了解内燃机的所有物理原理和机械原理就能开车一样，对于正念训练能够带来哪些好处，你同样也不需要了解其背后所有的大脑机制。即使科学家或冥想者理解了注意力背后所有的神经原理（其实也没有人能做到这一点），他们对注意力的控制能力未必就比你好。要想影响我们头脑的各种习惯，只靠理性上理解远远不够，还需要持续的练习。

如果你想深入了解关于正念的研究，在本章的注释部分我提供了几本书籍，但是我想让你在离开这一章的时候，对于正念如何改变大脑这个问题，带走的不只是一些理性的知识，我希望你离开的时候带着启迪，开始练习。

在本章中所介绍的大脑的变化，似乎可以提高我们的鉴别能力，当我们陷入（或者即将陷入）战斗、逃跑和僵住的自动反应模式时，我们能够切换到一种深思熟虑的回应模式，从而适应环境的需求。这种切换有助于我们更好地觉察自己，觉察所处的环境，觉察毫无裨益的冲动，为我们留出宝贵的时间采取措施，做出更加明智的抉择，而不是说了什么后悔的话，或者做了什么后悔的事之后才忽然意识到。对生活的这种全新的回应模式，如何影响你和周围的人？如果你能够在危机中做出深思熟虑的回应，这将如何影响你鼓舞他人信心的能力呢？尤其是对你的下属，或者敬仰你的人而言，这个问题非常重要。现在让我们把科学放到一边，看一下如果没有正念的话，我们的大脑在现实世界中是如何工作的。

头脑通常如何工作

第四章 4

尽管科学绚烂多彩，但是研究论文的语言呈现方式有其特异性，很难用通俗易懂的语言向读者解释清楚其实用价值，从而让人留下深刻印象。不是研究者不具备这种能力，而是研究论文是研究者之间的沟通模式，他们希望扩展人类某一学科的知识疆域，为了实现这一点，他们必须选用非常精确的科学术语进行表达，而这种语言很难轻松地翻译成通俗易懂的话。还是让我们来看一看在日常生活情景中，大脑是如何运作的吧。

我想跟你讨论两种场景。我希望你能够把自己放到相应的场景中，尽可能生动地进行想象，当场景中所描述的事情发生时，你会产生何种情绪、想法和冲动。如果手边有纸张的话，请记下你对每个问题的答案，这将对你很有帮助。

场景 1：早晨你正开车前往单位，交通中度拥堵。当你正驱车打算离开高速的时候，一辆银白色奔驰 SUV 从你左侧车道闪现，直接插到你的前面。

1. 你出现了什么情绪？
2. 你产生了什么想法？
3. 你涌现的行为冲动是什么？

场景 2：你正穿过单位走廊，看到一位同事迎面向你走来。走近之后，你看向对方，点头致意并说"你好"。但是，这位同事与你擦肩而过，好像根本就不认识你。

1．你出现了什么情绪？

2．你产生了什么想法？

3．你涌现的行为冲动是什么？

当我在工作坊、培训课程或主题报告中呈现这些练习的时候，发现练习者的反应出奇的一致。或许你也会出现同样的反应。我们首先来看一下，在场景 1——被加塞的司机中人们的常见反应：

1．你出现了什么情绪？

生气、沮丧、烦恼、暴怒、愤怒。

2．你产生了什么想法？

"这个混蛋！""真自私！""嘿，这小子咋就觉得自己高人一等呢！"

3．你涌现的行为冲动是什么？

"我想冲着对方竖中指。""我想给他点颜色看看。""我想开车紧跟着对方的后保险杠，让他知道我很生气。""把窗户摇下来，骂对方几句。"

上述反应跟你在相应场景下的反应一样吗？参加我课程的学员所做出的反应，几乎是全部，认为那位加塞的司机肯定认为自己高人一等，并且有点（或者非常）自私。大家的反应如此一致，说明人们对这位加塞司机的性格特点的判断非常准确。我们现在感觉都很好；我们认为自己确实碰到了一个混蛋，他就知道占便宜。现在让我们看一下场景 2 中常见的答案，对那位没有任何回应的同事：

1. 你出现了什么情绪？

   尴尬、伤心、生气、烦恼、冷漠、担心（关注自己）、关心（关注他人）。

2. 你产生了什么想法？

   "我希望没人看见这个事儿。""别人都不喜欢我。""我可有可无。""这个混蛋！""好，我再也不跟他打招呼了！""无所谓。""难道他没看见我吗？""我做啥事惹着他了？""我希望他一切安好。"

3. 你涌现的行为冲动是什么？

   "我想找个地缝儿钻进去。""我得坐在办公桌前好好琢磨琢磨，做啥事得罪他了。""下回我也当看不见他。""我再也不跟他打招呼了。""我想给他发个信息，询问一下我是否得罪过他。""我想给他发个信息，关心一下他一切是否还好。"

和场景 1 相比，场景 2 的反应会更分散一些，面临同样的场景，我们至少有 7 种不同的情绪反应。每次当我在课堂上呈现这一情景时，都会遇到同样的情况。我会听到悲伤或愤怒，冷漠或尴尬，不一而足。一位学员听到这个场景时，立即感受到了羞愧，他的胃部有一种沉重的感觉，想跑回自己的房间去。另外一位学员立刻感受到了愤怒，并信誓旦旦地说："再也不跟那个混蛋说话了！"是什么原因？完全相同的场景，为什么人们的情绪反应差异如此之大？也就是说，是什么引发了我们的情绪反应？用一个词来说，意义。用一组词来说，你如何解读其意义。用一句话来说，当你还没有觉察到发生了什么的时候，你的头脑如何自动地解读其意义。

在场景 2 中，你之所以感到愤怒，是因为你认为"那个人有意忽视我，就是想让我难受"。这牵扯到自动评价过程的另外一个方面：认为他人的行为具有某种意图。我们通常根据自己感受到的情绪，自动假设对方的行为具有某种意图。我们只需要思索一下场景 1 就能看到这一点；事实上，我们几乎每个人都认为加塞的司机有恶意，只是因为我们自己感到生气、愤怒或烦恼，但是我们完全不知道那个人为什么要在高速出口车道加塞。如果你知道那个司机是要赶到医院看望自己垂死的母亲，你的愤怒立刻就会消失得无影无踪。同样，如果你对来自伴侣的评价感觉不好的话，可能就会自动认为你的伴侣想让你感到难受，进而做出相应的回应。这种自动化会导致不准确的假设、评价和评估，而且常常不受控制，自然会对我们的人际关系和工作关系产生消极影响。我们会假设自己陷入一种糟糕的人际关系，如果没有这些假设，就太好了。

我们都是制造意义的机器。当遇到某种情景的时候，头脑会自动进行评估，对发生的事情赋予其意义，而且做这种事情的时候，完全是出自一种非常局限的视角：你自己的。一旦这种意义被确认之后，你的情绪反应就会升腾起来，而且要命的是，在未经训练的头脑中，这种过程也是自动的、无意识的。当上述过程发生的时候，因为确认偏差的缘故，大脑会删除、扭曲、忽略与所确认的意义相反的信息，故而会产生一系列与所确认的意义一致的想法、评价、冲动。从此以后，再碰到那个从你身边经过却没跟你打招呼的人，你跟他交往的时候都会戴着有色眼镜，都会遵循你的大脑自动产生的意义。你主要会关注对方那些强化了你先前评价的行为，不太关注对方那些和你先前评价相反的行为。这就是第一印象如此重要的原因所在；不管之后发生了什么行为，第一印象始终存在。顺便说一句，"印象"只是意义的另外一种表达方式，它同样是自动产生的。

你可能会生气，会说："这取决于环境，对那个从我身边路过的人，只有给我提供更多的信息，我才能做出更加准确的反应。"我们都喜欢相信自己的自动反应和假设是准确的，我承认，你的某些反应在某些时候是准确的，但是让我们看一下在场景2中发生了什么。你产生了情绪反应吗？产生了什么情绪反应呢？请实话实说。对于场景2中那个人，路过自己身边却没回应自己的招呼，我课堂上的每个人都产生了某种情绪反应。现在请注意，除了"同事"之外，我没有指定那个人具体是谁，而且那个人为什么在走廊中路过你身边却没有认出你来，我也没有提供更多的信息，但是针对这种情况，你已经产生了某种反应。也许那个人压根就没看见你；也许那个人正在思索某件事情；也许那个人正着急忙慌要上洗手间；也许那个人并不喜欢你；也许以前曾经被你激怒过，因为你在会议上的发言让他感觉很不爽。我敢打赌，在一个很长的长廊，某个人正在思索某件事情，他没跟所有的人打招呼，我们肯定都碰到过同样的情况，但是每个人都会根据头脑中编造的意义，做出自己的反应。

再让我们看一下场景1。我没有说司机超速，没有说当他汇入出口的时候挡住了你的行车路线，没有说他有什么样的性格。然而，如果你和绝大多数读到或听到这个场景的人相似的话，那么也会产生和我课堂上的人相似的反应。和场景2关系密切的一些细节都被遗漏了。虽然这只是一种假设的情景，但是你的大脑会自动填补空白，并产生某种情绪反应。所有的情绪反应都来自你本人，它们都诞生于你对某种行为、行动和情境所赋予的意义，而不以事实为基础。这并非现实，这只是一个虚构的练习。正是这些自动的心理过程，让我们意识不到的偏见控制着我们的头脑。正是它们，让我们跳入与他人冲突的圈套；正是它们，让我们产生原本可以预防的误解。

有一点需要提醒，你并不是故意这么做的；这一切都是自动发生的，我们绝大多数人都是这样，自己根本意识不到。这并不会让你成为一个坏人。这种自动评估受到一系列因素的影响，包括我们的信念、世界观、社会规范、过去经历、情绪状态，或者我们是否饥饿、愤怒、孤独或疲劳等，让人眼花缭乱。

那么我们该怎么办呢？我们马上就要进行正念练习，名字叫作"注意专注冥想"，可以训练注意专注能力，去观察我们的头脑做了什么，从而产生智慧，帮助我们跳出毫无裨益的想法的溪流，正像我喜欢称呼的那样："抓住并释放。"持续的正念练习有助于产生一种澄清的状态，让我们进入自动的心理过程和习惯性思维方式的内部，对它们保持觉察。一旦你觉察到某事物，就可以对它做点什么了。

虽然不是一做正念练习，立马就能防止自动意图的制造过程，但是随着持续进行正念练习，你慢慢就能够"抓住"这种意图制造过程。进行正念练习数周之后，或许你会意识到，对于配偶的意图，你有一些之前不知道的假设，但是现在，在争吵之后的第 45 分钟，你发现了这一点。那么现在你可以有意采取另外一种观点，或者更重要的是，可以和配偶就这种假设进行核查。随着更多地进行正念练习，或许你会意识到自己确实有一些假设，但是这次发现是在争吵之后的第 20 分钟，然后是第 10 分钟，第 5 分钟，甚至有时候当这种自动评估背后所伴随的假设升起的时候，你一下子就能够"抓住"，随后"释放"掉做出自动反应的冲动，并用正念回应取而代之。无论是带领一个团队或组织共度危机，或者是跟配偶就某一个分歧激烈讨论，做出正念回应总是要好于做出自动反应。就像我在第 3 章中引用的那些研究所展示的：持续的正念冥想练习之所以能够改变大脑，恰恰是因为我们能够在生活中做出深思熟虑的回应而非自动反应。

■ ■ ■

关于这一点，你或许会问："我还没有进行长期的正念练习，那么今天我还能做点什么,才能降低以后让我后悔的自动反应呢?"是的,当然有。除了很快就能学到的正式的正念冥想练习,还有非正式的正念练习,现在就可以帮助你管理各种状况。正式的正念练习,需要你留出专门的时间进行。例如,早晨花费 15 分钟进行呼吸觉察冥想(很快我就会介绍)。而非正式的正念练习,则全天都可以进行。有很多事情可以做。例如,可以正念刷牙,有意识地注意刷牙动作的各种感觉,包括有意觉察刷毛接触牙龈的感觉、牙膏的味道、牙刷在你手中的感觉等。

其他现在就能上手的非正式正念练习,其目的都在于帮助你应对挑战性的情境,同时为你留出一小块空间,让你有意识地进入下一个时间段。另外一个有帮助的非正式正念练习称为 S.T.O.P. 练习。当我能够熟练使用"抓住并释放"技术之后,我把 S.T.O.P. 练习插入其中,先"抓住"毫无裨益的想法、故事和信念等,然后"释放"。在越来越激烈的讨论中,你可以使用这种"抓住—S.T.O.P 方法—释放"技术,从而增加理性回应的概率,而非自动反应。在两场会议中间,即将进入下一个会议时,你也可以进行 S.T.O.P. 练习。一旦你熟练掌握这种技术,必要的时候,你随时可以用几秒钟完成这个练习。根据伊莱沙·戈尔茨坦的著作《当下的作用:瞬间改变余生》,我将 S.T.O.P. 练习改编成自己的版本。顾名思义,S.T.O.P. 是 Stop、Take a Breath、Observe 和 Pose & Proceed 四组词语首字母的简称。我所改编的 S.T.O.P. 练习,增加了一个提问 Pose。

S——Stop,停止。暂停和停止所有活动 1~2 秒钟。

T——Take a Breath,呼吸。呼吸并注意呼吸过程中的感受。你可以注意到冷空气从鼻子中吸入,热空气从鼻子中呼出。你也可以做一次深呼吸。

O——Observe,观察。观察你所处的外部环境发生了什

么。观察地毯的花色，或者观察桌子上摆放的物品，或者观察墙上挂着的绘画。然后把注意力转回内心，觉察一下内心发生了什么，当下体验到什么想法、什么感受、什么情绪。

P——Pose & Proceed，提问并继续。默默地向自己提问："现在重要的事情是什么？"然后，如果可以的话，让这个问题的答案指引你接下来应该做什么。

我一直在什么情境下使用该练习呢？那就是当我在办公室里辛苦了一天，回到家之后把车泊好的时候。我完成该练习的每一个步骤，有一天当我进行到"提问并继续"那个步骤时，"现在重要的事情是什么？"，我的答案是走进我的房子，尽可能多地陪伴妻子和 5 岁的儿子。然后我收拾东西，快步走进房子。这是否意味着整个夜晚，我从未拿起手机检查工作邮件，从未浏览社交媒体？不，在今天的文化中，那太不现实了。另外，作为职场人士，有时候我有非常好的理由在家里查看工作邮件。晚上也是我在社交媒体上写帖子和读帖子的时间。但是，如果我不做这种正念练习的话，即使没有电话铃响，没有短消息提醒，没有震动，我也会纯粹因为习惯而拿起手机。当这种情况发生的时候，我们通常觉察不到周围的世界正在发生什么。

我 5 岁的儿子通常想告诉我他在学校里发生的故事，或者他在我们家后院发现了新的虫子。在与儿子进行"对话"时，如果我开启多任务模式，同时也在使用手机，儿子很可能会讲了半截故事就停下来，然后走开了，因为他知道我并没有关注他在讲什么。这种互动模式会印刻在他幼小的心灵里，并影响他的想法，他对我来讲究竟有多重要。当你发现某人并不关注你的时候，感觉如何？那是一种好的感受吗？你可能觉得自己很聪明，但是其他人，尤其是孩子，能够看出来你是在假装关注他。无论你把手机放在膝盖上，还是腿边，或者你把它藏在（或者不藏在）任何地方，他都知道你刚才正在看手机。假装关注某人，其实是假装某人对你很重要，但是显而易见，那个人对你并不重要。而我呢，我甚至没有注意到儿子讲了半截就停止了谈话，因为我正全神贯注地看手机。随着时间的推移，他就不会再和我分享这些故事，不再想和我进行亲切的交谈，因为不管我说什么，他都有直接经验，知道我在做什么。即使 5 岁的孩子也知道，言传不如身教。我可不想给妻子和儿子留下这样的印象。

■ ■ ■

这是正念练习最有意义的部分，科学家可以大胆谈论正念改变大脑，诸如正念可以降低杏仁核的尺寸和活跃程度，可以增加脑岛的尺寸等，但是科学发现无法告诉你这些。虽然前面所描述的神经变化非常重要，但是在正式的、非正式的正念练习对我们的人际关系、职场和个人生活所产生的实实在在的影响面前，都相形见绌。

当你能够"抓住"毫无裨益的故事、信念、想法和评价，然后"释放"它们时，你自动反应的倾向，引领、激励并照顾自己的能力，以及你对某人的爱等，都将得到显著的改善。

现在好戏即将拉开帷幕，让我们去探索，究竟什么是正念。

5 拨云见日话正念

只要在过去 5 年里你曾经翻阅过杂志或报纸，或者曾经浏览过任何社交媒体，就会非常清楚，现在正念火得一塌糊涂，而且我也必须承认，这也是我最终决定写这本书的原因之一。在网站上输入"正念"，你可以得到 2.64 亿个结果。不幸的是，很多搜索结果和正念练习没有半毛钱关系。很多搜索结果都是一些精明的营销，或者搜索引擎拣选出来，让你购买产品，甚至让你购买价值观。

如此多的产品、活动、练习、社会运动、冥想技巧等，如雨后春笋般喷薄而出，令人难以置信。就在 20 年前，经销商都没有打出正念的旗号，而现在，似乎都横下一条心，证明自己始终在经营正念训练营。首席执行官修养课程，现在被称为首席执行官修养与正念课程。瑜伽呼吸练习，现在被称为正念练习。就连瑜伽老师，现在也声称自己是正念教师。简陋的老式蛋黄酱，现在被称为正念蛋黄酱。金钱和关注确实会催生出这样的营销方式，那些经销商声称"我们一直在做（正念）"，但是对于像正念这种非常具有影响力的事物来说，效果可能会恰恰相反，因为那些试图从正念中获益的人所接触到的，未必是真正的正念练习。如果你真正想从正念中获益，就有必要进行正式的正念练习。

我曾经花费大量时间，为那些对正念感兴趣的各类群体发表主题演讲、举办工作坊，或者组织其他培训。这些活动的组织地点，通常是在大型酒店或豪华的会议中心，偶尔也会选择私人别墅，以迎合高净值资产人士或企业高管的需求。这些场所通常也会举办多个企业活动。当我在周围漫步时，曾经有机会进入其他的"正念"会议（现在是许多大型企业活动的组成部分）。

悲哀的是，任何闭上眼睛进行呼吸的练习都好像在传递正念，而且因为很多人并不知道到底什么是正念，所以房间里最前面的引导者可以信口开河、为所欲为，却不会受到任何惩罚。

下面列举的一些活动标题，我在不同的公司活动中曾经见过，或者在其会议材料、会议议程中曾经见过：

"正念系列：大笑瑜伽"

"今天的正念课程：正念呼吸"

"从濒死体验中学习"

"正念社会活动"

"浮动瑜伽"

"与水晶连接"

"音符沐浴"

"放松的表象引导"

可能会让你惊掉下巴，考虑到它们故意将正念与诸如此类的活动捏合在一起，所有上述活动都不是真正的正念。

形形色色的经销商，不仅将那些与正念毫无关系的技术、观点和练习等都贴上正念的标签，从自身利益出发，组织各式各样的活动，而且把自身也变成了消费品。花 5 分钟时间在网络上搜索一下正念产品，你不仅会发现上面所提到的正念蛋黄酱，还会发现正念开心果、正念护肤品、正念盐、正念肥皂、正念茶、正念精油等，当然，也包括正念涂色书。

在此，我需要迅速做出一份免责声明，我并不是说这些活动、练习、产品等都不好，或者说它们在某些方面没有任何功效，我只是说，它们不是正念。所以，你脑海中现在就会浮现一个问题："如果这些东西都不是正念，那么什么才是正念呢？"很好，我很高兴你提出了这个问题，我们马上就会探讨。但是在正念周围还裹挟着一种噪声，它无意之间将数百万原本可以从正念练习中获益的人拒之门外：所有不必要的配件，包括铜铃、念珠和佛教信仰。

■　■　■

1993 年 2 月 23 日，美国公共广播公司（PBS）播出系列纪录片——《与比尔·莫耶斯一起疗愈心灵》中的一集《内心疗愈》。这一集的主角是乔·卡巴金，他是广泛流传的正念减压课程（Mindfulness-Based Stress Reduction，MBSR）的创始人，是他将已经在尘世间流传很久的正念带入主流社会。这一集不仅提升了卡巴金个人的影响力，而且从那时起，他也让正念成为一个日常用语，传播到世界的每个角落。卡巴金的 MBSR 课程备受尊崇，MBSR 对参与者的积极影响也得到充分证明，逐渐成为其他正念干预的标准。（坦白地讲，我也是一名 MBSR 导师。）然而，即使在这个不朽的课程中，就像在疗愈心灵系列纪录片中播出的那样，有些人以半莲花姿势坐在特殊的冥想垫上，用藏铙开始和完成所引导的冥想。

时光快进到现在，MBSR 课程以及大多数其他正念课程，包括那些专门为企业受众量身定做的课程，仍然继续以这种方式教授，铃声绕梁，或者在课堂上分发特殊的冥想垫。很多正念教师出现在大家面前的时候，或者脖子上和手腕上带着佛教的珠子，带着自己的小钟，有时候还会把一朵小花带到教室放在自己身边（这是许多佛教、印度教和阿德瓦伊塔·斐旦塔宗教在教学课程中常用的道具），这也就难怪，为什么正念教师很难进入企业界。我不同意最近的一些批评，认为 MBSR 和其他一些广泛流行的正念训练项目，正在以一种鬼鬼祟祟的方式传播佛教，但是这种教学方式确实很难迎合大众的口味。

基于 App 的冥想训练也好不到哪儿去。别误会我的意思。有很多应用程序非常好用，我在很多课程中都会用到它们，但是它们的许多内容都带有同样的灵性光环，以及新时代的伤感。在一些 App 中，很难找到一些优质的冥想练习，它们故意用一种病态的、甜蜜的口吻进行引导，所说的话语无病呻吟，还带有诸如此类的一些评论："作为宇宙中的一个生命，你的心灵可以被不断地塑造，与爱唯一的、真正的本源联系在一起，这种爱充满所有神圣的生命。"我认为，要想把非灵性和非宗教的人拒之门外，要想让他们远离正念技能，没有什么方法比现在这种建构、推广和教授正念的方法更加有效了。

我还是直接把表单列出来吧。很多正念教师和正念练习者对表单中所列出来的物件，以及其他一些物件情有独钟。这些物件虽然和冥想联系密切，但是你也许不需要其中的任何一个物件，就能开启真正的正念练习，并收获正念的好处。另外，这些物件可能不会让你"更好"地培养正念。

- ◆ 铃铛
- ◆ 念珠
- ◆ 手串
- ◆ 佛教或其他宗教信仰
- ◆ 西藏的铙钹

- ◆ 长袍
- ◆ 一种特殊的冥想垫
- ◆ 熏香
- ◆ 蜡烛
- ◆ 瑜伽垫
- ◆ 瑜伽俱乐部会员资格
- ◆ 印度之旅
- ◆ 脚铃
- ◆ 印度教咒语"唵嘛呢叭咪吽"（六字大明咒）的文身
- ◆ 任何中文"和平""开放""正念""天人合一""力量""当下"等的文身
- ◆ 单位的"禅修角"或冥想室
- ◆ "诵经"碗
- ◆ 小佛像
- ◆ 甘尼萨、湿婆、毗湿奴或其他印度教神的小雕像
- ◆ 又长又飘逸的裤子、裙子或围巾

　　这些物件就像珠宝一样，在某些方面或许非常漂亮，穿戴上这些可以帮助当事人向他人投射出某种特定的形象，对很多人来说，这非常重要。但是，这些外部的光亮却分散了真正的核心，而没有这些核心，它就没有珠宝。对于正念来说，太多的人陷入其中，被外壳所困，那些漂亮的物件只能投射出他们是练习正念的人，但是完全错失了正念的本质。这并非说清单上的物件本身有什么问题，有一些物件，如一尊小佛像，可以作为一条线索，提醒你做正念练习，但是浴室镜子上的便利贴也可以起到这个作用，这就是我的观点。底层逻辑是，你不需要在生活中添加任何上述

物件，就可以有效地练习正念。事实上，执着于上述物件反而会成为你练习正念的真正阻碍。如果你不喜欢清单上的物件，或者你一直反对学习更多的正念知识，并认为自己需要购买它们，以便获取新时代的灵性，那么都不需要担心。你可以省钱了。没有它们，并不会阻止你学习正念并从中获益。

你需要做什么开始正念练习并从中获益呢？你只需要做5件事：

1. 保持活力和清醒。
2. 有一个地方可以站立、坐下、行走或躺下。
3. 对于正念是什么、不是什么有一个基本的了解。
4. 知道哪些练习实际上是在培养正念。
5. 承诺定期进行正念练习，最好是每天都练习。

现在，就让我们从第三件事情开始，去芜存菁，去伪存真，从噪声中找到信号。

■ ■ ■

当正念的含义被各种炒作弄得混乱不堪时，要想理解什么是正念确实是一个挑战。而且，谁会从2.64亿个互联网搜索结果中去筛选信息呢？更何况很多人，已经被明显不是正念的东西缠绕在了一起。所以，让我们从一个简单的定义开始。在入门水平上：正念是一种将注意力集中在当下的体验上，而不被自动的想法和评价所占据的能力。这就是正念。这就是被很多活动、方法和态度层层包裹起来，险些被遮盖的精髓所在。

■ ■ ■

在深入探讨之前，让我们先暂停一下。在序言中我曾经说过，为了保持这本书的实用性，我不会引用一些学术研究性质的文章。我坚守这种承诺，但是也必须承认，关于正念的定义，还有其他观点。我的定义改编自乔·卡巴金的版本，在其畅销书《身在哪里，心在哪里》（*Wherever You Go，There You Are*）中，他写道："正念是一种特殊的注意方式：有意识地、活在当下，不带评判。"虽然卡巴金对正念的定义得到广泛认可，约定俗成，但我还是打算稍微打破它，因为我对正念不带评判方面有自己的看法，这一点我将在第 10 章中进行讨论。如果你和研究人员或宗教人士进行探讨，他们花了多年时间去研究、翻译或努力遵循佛学经典，如《法句经》《念处经》等，你会听到各种各样的观点，这些观点通常大同小异。《念处经》是佛教对正念进行定义的主要来源。也就是说，虽然有些人希望你相信，佛教并没有垄断正念市场，但是其他各种宗教、世俗哲学和冥想流派等对正念的界定，跟佛教出奇的相似。如果你想快速浏览各种正念练习的方法与策略，想知道我们的头脑如何工作并用特定的方式去锻炼头脑，想知道它们在历史上曾经以何种名称出现，我推荐你阅读瑞安·霍利迪的著作《静止是关键：现代生活的古老策略》。

■ ■ ■

现在让我们再次回到正念的定义。正念是一种将注意力集中在当下的体验上，而不被自动的想法和评价所占据的能力。你可能会想："好，请说人话。"其实，就是对当下这个时刻保持觉察，不让自己陷入对这个世界各种各样的评论之中。请允许我带你去做一段简短的旅行。

你刚刚走进单位的电梯，看了一下手表，上午 6：50。现在是周一的早晨，7：00 你将和同事在单位会议室开会。你的工作通常从上午 9：00 开始，起床之后你通常不煮咖啡、不做早餐，很快出门。你通常不会早起，如果不喝一杯咖啡的话，恐怕早餐就会泡汤。好在这些会议会提供饮食服务，所以你有希望喝上一杯热咖啡，老板的行政助理通常也会准备一些美味的牛角面包。走出电梯的时候，你仿佛已经闻到了牛角面包的味道。你穿过大厅，来到会议室，发现只有你一个人。你径直走向牛角面包和咖啡，却发现根本没有咖啡。你可能会想："哦，不，居然没有咖啡！"你迅速环顾四周，确认房间里确实没有咖啡（而且你已经知道，你的办公室里也没有咖啡机）。你迅速看了一下手表，上午 6：55，已经没有时间跑出去喝咖啡了。你可能会想："嗯，这不是很好啊？我怎么熬过这个会议呢？多么糟糕的早晨啊！我很快就会感到疲劳，一整天心情都会很差。"

好，让我们回顾一下发生了什么，尤其是在故事的结尾部分。你走进会议室，亲眼看到那里没有咖啡，然后就对自己说："没有咖啡。"你正在和谁说话？或者告诉谁没有咖啡？你自己？这就是我们内心的声音，将伴随并描述我们的大部分体验。

这是一种有些消极的体验：对一个喜欢喝咖啡的人来讲，走进房间却发现没有咖啡，那简直是一场可怕的噩梦。让我们切换到另外一个场景。当你走进会议室的时候，发现了自己最钟爱的咖啡，星巴克或唐恩都乐等品牌。一旦认出自己最喜欢的咖啡，你或许会对自己说："哇呜，居然是我最喜欢的咖啡！好意外的惊喜啊！这样开会简直太美妙了！今天将是美好的一天，我在一家伟大的公司工作。"这里或许有些夸张，但是我想你肯定知道我在说什么。你还是用自己的双眼看到了自己最喜欢的咖啡，你大脑的某些部位依然在描述这种经历。这依然是你内心的声音。除了实时评价和描述体验之外，你是否注意到，你的大脑如何迅速进入未来，会根据一件小事——无论这件小事是否满足你的期待，或者超出你的期待，去预测一天剩下的时间如何。这就是我们的大脑，在每个清醒的时刻，每天都在做的工作，无论我们能否觉察到，内心的对话对我们的行为、幸福、工作表现、生活体验等，都将产生巨大的影响。

在所有的正念噪声中，内心的对话就是你寻找的信号。正念练习最初的目的，就是增强我们的转向能力，全然投入我们当前的体验，无论这些体验是什么，都对我们头脑中无休无止的评判保持觉察，并把自己从这些评判中释放出来。这将减少这些评判对我们生活状态的影响，并且减少我们生活中的习惯性反应。在培育好正念之后，正念就可以让我们更加充分地满足生活的需要，无论生活如何起伏，正念都能够让我们带着一种开放的、广阔的视角，更富创造性地应对生活，较少受到过去模式的困扰，无论是局限性的观念，还是我们自己对自己讲的故事。你准备好开始练习了吗？

如何培育正念根基 6 第六章

要想理解如何培育正念，第一步需要知道什么练习能够切实提高正念技巧。不幸的是，根据当前正念发展的态势，那些正念练习服务商各行其是，都强调自身的项目发展，让我们一头雾水，不知道到底什么才是真正的正念。我们一开始先区分两个基本的概念：正念和冥想。这两个概念经常放在一起使用，并且可以混用，以至于很多人，包括一些声称教授正念的"教师"在内，都不知道这两个概念虽然相关，但是也有差别。

正念和冥想之间的关系，跟健康和锻炼之间的关系很相似。当去健身房锻炼的时候，锻炼的目的不是在健身房里更加健康，而是在健身房之外更加健康。这跟冥想是一样的。做正式的冥想练习，目的不是在冥想练习中更加正念，而是在日常生活中更加正念。作为一种心智练习手段，冥想会影响正念的基线水平，这跟体育锻炼会影响健康的基线水平是一样的。当然，并非所有的冥想都具有同样的功效。

把体育锻炼和冥想相提并论，主要是基于如下理由。当你琢磨"锻炼"这个专业术语的时候，你脑子里会想到什么？你或许会想到开合跳、俯卧撑、慢跑、深蹲、仰卧撑、立卧撑、西式瑜伽、引体向上、卧推、弓步、冲刺和间歇训练等，这个单子还可以继续。你可能会考虑自己整体的健康目标，然后确定选择何种锻炼方式。例如，如果你想增强胸部力量和背部力量，会将卧推和引体向上纳入整体健身计划。如果你想提高跑步的速度和耐力，会将冲刺和间歇性训练纳入每天的训练计划，甚至会避免进行某些练习，因为它们和你计划实现的健康目标背道而驰。这样做非常必要。冥想同样如此，因为并非所有的冥想都是正念冥想。

跟"锻炼"这个专业术语一样，"冥想"也代表了一大类练习，它们所产生的结果不尽相同，彼此之间不可相互替代。例如，我可以引导你进行一种细致的冥想，我会描述一种环境，你正沿着纯净的海滩漫步。你可以听到海浪有节奏地拍打着海岸，浪花映射出落日的深橙色，温暖的微风轻抚过你的皮肤。这种强有力的冥想可以让你放松，但是它是一种可视化冥想，而非正念冥想。我也可以给你几个音节、单词或短语，在你的脑海里不断地重复，或者大声说出来。那也是一种有效的冥想方式，让你进入特定的精神恍惚状态，但是它是一种咒语或诵经冥想，而非正念冥想；静坐冥想就可以归入这种诵经冥想。我还可以引导你进行冥想，让你先想象某位家庭成员、亲朋好友或你深深爱着的某个人，然后让你有意去激活和强化这些情感。这种冥想颇有裨益，可以培育高水平的关怀和友善，但它是慈爱冥想，而非正念冥想。换句话说，如果你想强健大腿，可以做深蹲和弓步。如果你想得到最近的研究所提到的正念训练的好处，那么有必要去做一些能够真正影响你正念基线水平的冥想训练。为了培育正念，就要做正念冥想。

可以肯定的是，刚才所描述的非正念的冥想确实有很多好处，但是其中大多数都是常规的冥想，有意无意中会有某些营销的成分，就好象它们能够培育正念一样，但是它们不能。正如你将要在第二部分中看到的那样，我将在训练中提供并推广一些非正念的冥想。不同之处在于，我将区分正念冥想和非正念冥想，并且非常清楚地向你阐明我们正在做什么练习，以及我们为什么要做这种练习，而不是把所有练习统统称为"正念"，诱骗你购买什么东西。我希望更多的生意人——他们表面上是在帮助他人，能够坦诚地告诉我们，哪一种冥想和练习是正念冥想，哪一种冥想和练习是非正念冥想。

有一种可靠的方法可以帮助我们确认某种冥想是否属于正念冥想。注意一下该冥想是否存心从你的体验中增加或减少某些东西，如果是，它就不是正念冥想。正念冥想让你自然地观察体验，而不是改变体验。如果一种冥想让你以某种特定的方式呼吸，如4/7/8拍或箱式呼吸，它就不是正念冥想。见鬼，那甚至都不是冥想，而是呼吸练习。正念冥想从来不会让你改变呼吸模式或呼吸节奏。如果某种冥想试图让你产生某种感受，如关怀或放松，它就不是正念冥想。正念冥想鼓励你去注意到某个时刻产生了何种情绪或处于何种存在状态，承认它们，而不是试图改变或远离它们。如果某种冥想充斥着诸如"清空你的思想"或"停止所有的想法"之类的短语，那么你可以确认两件事：那位教师不是正念教师（或者是一位没有经验的教师）；你做的不是正念冥想。正念冥想不会试图让你停止所有的想法。让你的大脑停止思考，就像让你的肺停止呼吸一样，虽然也有其特殊功用。在变得更加正念的道路上，我们并不是努力消除各种想法。我们正在培育和各种想法产生一种全新的关系，在这种全新的关系中，我们较少被各种拙劣的、毫无裨益的想法所干扰或驱使。

什么冥想可以培育正念呢？主要有两种类型的冥想，两者可以联合使用，可以发展和加深正念。我们将在本章中着重阐述并实践注意专注冥想，至于开放觉察冥想，我们只是简单交代一下，在本书第二部分中再进行细致的练习。

注意专注冥想

　　要想开启培育正念之旅，最基础的冥想是注意专注冥想，它可以增强你的注意集中能力，并把注意力保持在想让它去的地方。注意专注冥想练习可以有意把你的注意力引导到特定的对象上，有时候称之为"锚点"，当你发现头脑走神的时候，你可以继续把注意力拉回对象上来。它的步骤非常简单，但是要做到这一点并不容易，等会儿你就会发现。记住，在正念冥想练习中，我们并不给体验增加或减少什么。因此，为了进行注意专注冥想，我们并不需要发现或购买什么物件。我们不需要寻找一位精神导师赐给我们一些箴言去顶礼膜拜；我们不需要跑到商店去购买蜡烛和火柴，好让自己盯着一束火苗；我们不需要敲打铃铛或引磬，并关注它们发出的声音。既然进行注意专注冥想的目的是培育正念，那么我们可以选择一个锚点，这个锚点每时每刻都伴随我们左右：呼吸。

　　大多数人都会忽略我们生命中的每个瞬间都会进行的呼吸过程，除非什么东西的出现阻碍了呼吸过程，我们才会开始密切关注它。幸运的是，尽管我们对呼吸缺乏足够的觉察（和感激），但是自从我们离开母体子宫的那一刻开始，它就一直陪伴着我们。因此，从方便的角度看，对我们进行注意专注冥想来说，呼吸绝对是一种终极"对象"；你永远不需要记住把它带来。

　　当你进行注意专注冥想，并把冥想对象确定为呼吸时，该练习被称为呼吸觉察冥想。你可以把它作为正式练习。例如，你留出特定的时间（5、10、20、30、45分钟）进行练习，坐在椅子上，专门进行练习。你也可以把它作为非正式练习。例如，当你等电梯时，你可以自发地决定专注于自己的呼吸一会儿。我们现在将要把它作为一个快速的正式练习，并且建议你每天至少练习10~15分钟。

　　你可以先阅读下面的冥想文本，然后在没有任何指导的情况下进行练习。

呼吸觉察冥想

　　最基础的正念冥想练习就是把注意力专注于呼吸，专注于吸气和呼气，任何时候只要头脑走神，你都可以进行这项练习。注意一下你的头脑抓住了什么，然后释放它，把你的注意力拉回来，继续注意你呼吸的感觉。对自己要温柔，就好像对此你是新手一样。最重要的事情，是对各种体验带着一种好奇心，带着一份耐心。让我们开始吧。

◆ 找到一个舒适的地方，在那里你可以坐下来几分钟。你没必要在冥想垫上打莲花坐，坐在一把椅子上同样很好。挺拔而放松地坐好，把脚平放在地板上。之所以让你挺拔地坐好，目的是让你对这个练习保持觉察和警觉。你可以把双手放在大腿上，或者让你感觉最舒服的任何地方。你不需要用任何特殊的方式控制你的双手。

◆ 如果感觉舒服的话，你可以把双眼闭上。或者把你的目光垂下来大约45°，注视焦点变得模糊一些。之所以让你闭上眼睛，目的是消除视觉干扰。

◆ 现在让你的注意力去注意呼吸的感觉，无论你在哪里，都能够清晰地感受到。伴随着每次吸气和呼气，你或许能够感受到空气进入或流出鼻子的感觉。伴随着每次吸气和呼气，你或许能够发现胸部或腹部的一起一伏。无论胸部还是腹部，感受在这些区域的呼吸都可以进行很好的注意专注练习。

◆ 如果你注意呼吸的时候感觉有困难，可以有意地做 1~2 次深呼吸，只是为了去感受一下，那些感觉像什么，你的注意力又聚焦到了哪里。然后停止任何试图控制或者改变自己呼吸的冲动。请记住这不是呼吸练习，这是一个注意觉察练习。

◆ 现在，当自己去呼吸的时候，注意呼吸的感觉。请仔细关注每次吸气的全部过程和每次呼气的全部过程，看看你都感受到了什么。

◆ 你或许会发现，虽然时间很短，你的头脑已经从呼吸游荡到想法或评价去了。例如，对这项练习的评价，或者关于今天接下来要做什么的想法。当这种情况发生时，并不是什么错误。你并没有做错任何事。只是注意你的头脑被什么抓住了，温柔而坚定地把你的注意力拉回到注意呼吸的感觉上来。

◆ 你的头脑会被想法一次又一次地拉走。无论这种情况发生 50 次、500 次还是 5000 次，每次只是确认一下头脑去了哪里，然后把注意力拉回到呼吸上来。没必要因为迷失在想法中而严厉批评自己，这只是练习。

◆ 如果你刚才是闭着眼睛的，请睁开双眼，把注意力拉回到你所在的房间里。开始今天接下来的工作之前，请给自己留出一点时间，确定一下自己需要做什么。

我想你肯定会诧异地提问："每天进行 10~15 分钟的呼吸练习，究竟能给我们带来什么呢？"坚持进行呼吸觉察冥想练习，可以提高我们的有意注意的能力，把注意力集中在某个物体或某项任务上。从浅层次看，该练习可以让我们获得一项实用技能，应对心烦意乱、纷繁复杂的世界。从深层次看，当我们能够更加清晰地注意到内心体验的细微差别时，注意力会更加集中，头脑会更加稳定，从而让我们获得一些额外的能力、掌握一套重要的工具，对生活有更加深刻的理解并做出更加明智的回应。另外，以这种方式关注注意力，也可以帮助我们感受到万事万物变动不居的本质，并且用更加舒适的方式与之相处。

上一段提到的好处和结果或许有些抽象，在此我可以呈现一些具体的结果——来自过去 5 年我带领 8 周正念领导力课程所得到的调查数据。尽管我不能披露所有的数据和调查问卷，但是可以呈现我们测查到的一些关键结果，以及给我们带来哪些启示。这些数据收集自被试自我报告的问卷调查，课程开始之前调查一次，课程结束之后 2 周再调查一次；问卷调查结果反映了整组被试平均的变化成绩。请注意，这些变化反映了课程整体的影响，包括注意专注冥想、开放觉察冥想，以及其他一些练习和冥想。

- ◆ 精力水平提高 39%
- ◆ 清晰思维能力提高 24%
- ◆ 关怀增加 33%
- ◆ 看待事物的观点更加平衡的能力提高 13%
- ◆ 工作满意度提高 14%
- ◆ 穷思竭虑降低 21%

调查结果已经说明了一切，而且我们可以继续深入探讨其影响。让我们把"穷思竭虑降低 21%"作为第一个例子。不知道你是否考虑过，为什么最优秀的精英运动员都会进行规律性的正念训练？减少穷思竭虑和其他毫无裨益的内心对话是重要原因之一。想象一下，一位职业棒球大联盟的投手踩上了投手丘。他盯着对手，投出最好的球，一个快球。击球手用力挥杆，球迷们又听到了熟悉的噼啪声。投手立刻就知道，这是一个本垒打。你能想象一下，如果投手陷入穷思竭虑，满脑子都在琢磨刚才犯过的"愚蠢的错误"，那么下一轮投球时，这位投手的自信心和运动表现会发生什么？这位运动员还能待在大联盟里吗？未经训练的头脑，没有机会可言。

"工作满意度提高 14%"也值得讨论一下。我不知道两个月之内工作满意度提高 14% 是否令人印象深刻，因为我不知道其他课程是否也会在这么短的时间内测查对工作满意度的影响。大多数企业的工作满意度调查通常以年度为单位进行，它们关心经过一年的企业文化培训或其他活动之后，工作满意度是否有所提高。在工作满意度提高方面，我认为有一点值得提到，我没有打电话给课程培训学员的高级管理者，"嗨，你能对未来 8 周接受培训的员工宽松一些吗？在课程开始前和课程结束后的调查当中得到一些好结果非常重要；对待他们好一点，不要让他们晚上和周末加班，也不要让他们在长期休假时处理客户意见"。这些学员和上课之前做着同样的工作，承担着同样的工作量，拥有同样的老板，他们只不过学习了一点大脑是如何工作的知识，而且用一种全新的方式训练大脑，他们就在工作中有了更好的体验。除此之外，根据学员反馈的电子邮件，很多人都说他们的家庭生活也有了显著改善。

只是注意到呼吸的感觉就能产生这么好的结果，还有什么活动既如此简单又高效呢？让我们把呼吸觉察冥想练习划分为若干组成部分，看看在每个部分都能建立什么技能。如图 6-1 所示，了解一下练习的周期。

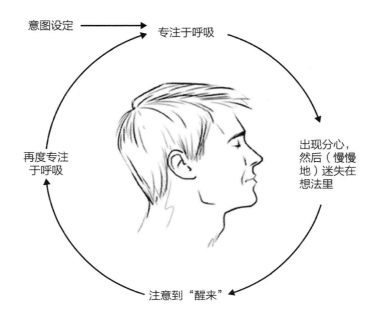

图 6-1　呼吸觉察冥想的循环周期

来源：From 99designs. com/Konstantin. Reprinted with permissions of 99designs. com.

意图设定

在开始练习之前，我们需要设定意图。我们已经决定进行呼吸觉察冥想，因此把注意力保持在呼吸上就是我们的意图。我们在练习之前确定这一点，就是让自己做好准备，慎重考虑如何度过当天的下一个时刻。设定某种意图并仔细考虑时间，我们大多数人通常并不这么做。对于在工作中或在家里需要完成什么事情，我们通常有一个模糊的想法，但是当一天开始的时候，我们很快就会被各种"突发事件"打断。例如，消防演习，老板的邮件，同事来到你的办公室告知你新的政策变化等，都会把你从打算要做什么的模糊想法中拉走。因为我们一开始并不清晰地知道自己打算要做什么，所以很容易被拉走。有意在练习中设定意图，不仅可以帮助我们发展这一技能，而且可以帮助我们在其他生活领域设定意图。

在此我必须做出一份澄清，发出一份警告。通常有两种类型的意图和正念练习有关：一种是带有小写字母 i 的意图（intention），另一种是带有大写字母 I 的意图（Intention）。小写字母 i 的意图，是指服务于个人的练习，如关注呼吸。大写字母 I 的意图，是指你选择正念练习的整体的原因或目标。或许你听说正念可以缓解压力，这是你想要的小写字母 i 的意图。或许你听说正念可以平静忙碌的头脑，这是你想要的大写字母 I 的意图。

现在已经做了澄清，要发出警告了。大写字母 I 的意图对你坚持进行练习很有帮助，尤其当你不想练习的时候。用大写字母 I 的意图提醒自己，可以帮助你早晨起床，即使不喜欢，但是仍然去练习。它也可以在你停止几天练习之后，帮助你重新拾起练习。也就是说，我建议你平和地对待大写字母 I 的意图。正念练习存在一个悖论，如果你对正念练习的意图或目标过于执着，反而让你越难"实现"。例如，如果你开始进行勤奋的正念练习，整体的意图就是让头脑更多地活在当下，而不要迷失在想法里。如果意图过于强烈的话，即使在和家人共度时光的时候，可能你也在发愤图强。在进行个人练习的时候，如果对大写字母 I 的意图过于执着，也会给你带来很多挑战。如果你的头脑在进行特定的个人冥想练习时过于激动（就是对经验丰富的冥想者来说，这种情况也经常出现），强烈执着于你的意图可能会让你对自己说："我应该专注于呼吸的，但是我的头脑四处游荡。我真的需要专注。我并不擅长呼吸练习，因为我的头脑信马由缰。"那里正在发生什么？你在练习过程中插入了噪声，你想让练习沿着特定的轨道进行，完全符合你的意图和期待，因为过度执着于目标，你会产生额外的内部噪声，推动着你距离自己的意图越来越远。所以，底线是知道自己的意图，利用它坚持你的练习，并在大多数情况下平和地对待它。

专注于呼吸

把注意力专注于呼吸的感觉，能够密切关注我们各个方面的体验。例如，感受到冷空气流入鼻子和热空气流出鼻子，是人类天生的一种技能，当然每个人的技能水平高低不同。我曾经说过，没有人能够垄断正念市场。能够在多么精细的水平上感知体验，是你天生就有的本事，而且是否打算培养这种技能，是由你自己决定的。当把注意力专注于（重新专注于）呼吸的时候，你正在提高专注能力。在一个充满分心因素的世界里，太多因素试图分散注意力，能够把注意力保持在你想要让它出现的地方，是一个重要的鉴别因素。

注意到"醒来"

开始专注于呼吸的某个时刻，你会意识到自己被一连串的想法给抓住了。此处会产生两种类型的注意：注意到自己迷失在想法里，注意到自己迷失在何种想法里。第一种注意是被动的，它发生到你身上。你突然会注意到，自己已经迷失在想法里。第二种注意更加主动，你正在注意到自己迷失到何种想法里。我将用术语"承认"来表示第二种注意，以避免混淆。所以，你注意到自己迷失在某种想法里，并且承认自己迷失在何种想法里。

你可能会迷失在想法的溪流中，琢磨你的计划清单以及接下来需要做什么，也可能是关于正念练习本身的一些评价和评论。或许在冥想过程中发生的故事，比你期待的故事还要复杂。你可能会想到你的女儿，而这又让你想到她的男朋友。你注意到自己不太喜欢那个男孩子，然后开始琢磨如果他虐待你的女儿的话，你将会做什么。然后你又想："好吧，如果我那样做了，就会和警察发生冲突。"10分钟过后，故事还在继续，你正在计划如何逃离监狱，正在排练你个人版本的肖申克的救赎。我们的头脑就是这么做的。它会一个想法接着一个想法，又接着另外一个想法。这很像我们上网的时候，原本只是"打算查看一下邮件"，结果20分钟之后，却正在深入研究光照派的阴谋论。数以百万计的事物会吸引你，它们随时都可以闯进你的头脑，尤其当我们暂停一切外部活动去进行正念冥想时，情况更是如此。这里要指出的第一点是，这是完全正常的，不可避免的。我们都会迷失在想法里。当你更加规律性地进行正念练习时，就会非常清楚，我们都会迅速而轻松地被随机产生的各种各样的想法带走。当你"醒来"之后，就会发现自己已经迷失在想法里，那就是一个正念的时刻。一旦你注意到，你就已经回来了。这就像你开车的时候，一旦"醒来"，就会发现走神好几公里了。这并不是意味着，想法的溪流已经消失了，它还会保留一段时间。但是现在，你已经站在这些想法的背后，在那里，你可以承认这些想法，而不"迷失"于其中。

承认想法，只是注意到什么想法吸引了你，不需要把它写下来或对自己说出来："我正在琢磨我女儿的男朋友。"只是注意到它就可以。随着时间的推移，你会更加觉察到自己的头脑习惯和思维模式。你会发现，你的很多行为都受到想法或信念的支配，它们都游荡在你有意觉察的水面之下。如果你坚持练习，这些头脑习惯和思维模式就会浮现到有意觉察的水面上来。一旦你觉察到某件事物，就可以对它做点什么。

再度专注于呼吸

一旦注意到并承认自己被各种想法或故事所吸引，就温柔而坚定地把注意力拉回来，重新专注于呼吸的感觉。不必批评自己，为什么陷入了想法的溪流。这绝对是正常的。如果每次你都因为自己陷入想法的溪流而责怪自己，就会越来越擅长自我批评，但是我们大多数人的自我批评已经够多了。严厉的自我批评和自我攻击是头脑常见的习惯，在第二部分中，我们将讨论如何减少这些毫无裨益的习惯，同时保留深思熟虑的反思能力，思考我们如何在任何情境下都能成为最好的自己。

当你把注意力重新专注于呼吸的感觉时，也在练习一种技能——释放想法的溪流。这也是勤奋而持续的正念练习所要培养的一项重要技能。我想你在人生的某个时刻，应该发生过一次甚至多次争论。其中一些争论可能只持续了 2~3 分钟，但是接下来的 2~3 个小时甚至好几天，你都在反复琢磨这次争论，寻找各种策略，如何在争论中反击对方。如果在那次争论中没有用到某些反击策略，你会把它们揣在口袋里，期待着在不久的将来，在下次争论时可以用到它们。放下这些穷思竭虑的想法，并关注你面前正在发生的事物，不是更好吗？在另外一种情境中，我们经常发现自己只是想睡个好觉，但是因为在工作中与人争吵，而你又无法停止思考此事，所以通宵未眠。把这些想法放到一边，晚上美美地睡一觉，第二天早晨醒来之后，当你能够针对该情境采取实际行动的时候再把它们拾起来，不是更好吗？这是你每次练习都要培养的技能，把注意力拉回到呼吸的感觉上来。请注意，我们不是消除深思熟虑的反思，而是减少毫无裨益的穷思竭虑对我们的影响。

下面回顾一下注意专注冥想的四个基本步骤：

1．设定冥想的意图（平和地保持这些意图，并在开始练习之前设定）。
2．专注于某种物体／锚点（各种呼吸的感觉）。
3．注意到你已经迷失在各种想法里，注意到你迷失在何种想法里。
4．把注意力再次专注于某种物体／锚点（各种呼吸的感觉）。

开放觉察冥想

与注意专注冥想相比，开放觉察冥想，也称为开放监控冥想，并非有意关注某种特定的物体或某种特殊的体验。相反，该练习是要注意我们觉察领域中出现的一切，并对其保持开放，注意到是什么进入注意的范围并成为觉察的主要对象，注意到当它不再是觉察的主要对象时又被谁所替代。这项冥想练习有时候更具挑战性，所以我将在第二部分中加入该练习，以便让你有时间进行不同类型的注意专注冥想。

■ ■ ■

　　我们在本章中讨论了很多内容。了解到就像有很多有益的锻炼方式一样，也有很多不同类型的冥想练习；就像我们必须选择某种特定的锻炼，以特定的方式增进身体健康一样，我们也必须选择特定的正念冥想练习，以提高正念的基线水平。我们讨论了非正念冥想本质上并不坏；事实上，很多非正念冥想也被证明有很多好处，但是它们的做法和最近研究倡导的正念冥想并不相同，所以对于努力寻求经过科学验证的正念好处的人来说，误把它们作为正念冥想没有什么好处。我们讨论了两种类型的正念冥想——注意专注冥想和开放觉察冥想，并且介绍了你在进行注意专注冥想时所需要的一些技能，如觉察呼吸。

　　现在我们已经对正念的基础有了大概的了解，我们在下一章之后结束第一部分，准备进入 8 周课程，开始真正的正念学习，开始获取正念练习真正的好处。

开启你的正念之旅 | 7 | 第七章

在本书第一部分的开头，我曾经阐述，密切关注我们正在对自己的头脑做什么，密切关注我们如何训练自己的头脑，这将让我们摆脱贫穷，走向富裕。出生于一个贫困的家庭，和没有受过高等教育的家人住在拖车里，被拥有三个孩子的单身母亲抚养长大，可能会致使和出生于富裕家族的人有着截然不同的人生旅程。在此，我必须坦诚地讲，正念并非影响我人生旅程的唯一因素；勤勉准备、努力工作、持续学习、身边人督促我成长等因素也在发挥作用，当然，也包括好运和机遇。也就是说，正念，"抓住并释放"技术，以及其他自行开发的技巧（我将在第二部分中进行介绍），都扮演了重要角色。正是这些技巧，让我能够更加清晰地看懂生活，让我能够对生活做出更加深思熟虑的回应，让我在面对千变万化的生活环境，需要做出决策的时候，不至于被头脑编造的故事所牵引，做出自动反应。单独来看这些反应或决策，似乎很小，甚至微不足道。但是，就像小额财富投资一样，随着时间的推移，利息会越来越多。清晰的洞察，深思熟虑的回应，明智的抉择，日积月累之后，就会对你的人生轨迹和生活经历产生巨大的影响。

所以，让我们讨论一下你的正念之旅。这段旅途前途未卜但前程似锦，充满了成就、荣誉和热爱。在这段旅途中，你将得到晋升、赢得生意、嫁给所爱的人，实现人生诸多目标。当然，你也会遭遇挫折、失败，以及心碎的时刻。毫无疑问，你在生活中已经面临了一些挑战，你希冀的事情或许变得艰难，或者希望改变曾经犯过的某个错误，或者想挽救曾经逝去的一段爱情，如有可能，你或许想收回曾经伤害他人的一段话语。最有害的一种信念是，生活应该完美无缺。生活中我们会发现，挫折和无法得到满足的期待，是人类共同的经历；这并不意味着生活有多么糟糕。因此，我鼓励你勇敢面对生活中的所有艰辛，因为就像没有品味过酸涩就无法真正品味甘甜一样，正是生活中的挑战和艰难，让我们的成就如此丰富。

此外，在你"最爱做的事情"列表、例行工作任务以及高大上的职业目标之外，不要错失那些细小甚至短暂的微妙瞬间。那些目标和任务固然重要，就像终曲是交响乐非常重要的组成部分一样，但是我们的目标并不是尽快到达交响乐的结尾。每一个音符，无论高音还是低音，包括音符之间的休止符在内，都是交响乐的重要组成部分。如果没有这些元素，任何音乐都将不复存在（否则也将极其乏味）。你能想象得到，一首交响乐或一首歌曲，只有高音却没有停顿吗？这个概念在其他事情上也会有所体现，如爬山或跳舞。攀登珠穆朗玛峰的目的，不仅仅是登顶，看到山顶的旖旎风光。那些分享攀登珠穆朗玛峰故事的人，永远不会只描述最后的10英尺；他们分享的恰恰是挑战、挫折、意外的瞬间、恐惧、自我怀疑，以及最后的胜利。跳舞的目的也不是到达舞池中的某个地方，就像你跟随地图到达海滩一样。跳舞就是目的本身。所以，请享受你的旅途吧。正念之旅如图 7-1 所示。

旅途本身或许不像你计划的或期待的那样，那也没关系。旅途中的每个时刻，无论高潮还是低谷，都是你生命交响乐的一部分。勇敢面对，感谢它们。在开车旅行的时候，当我们抵达终点时，肯定都不想错失旅程中的大部分时光。同样的道理，当结束正念之旅的时候，你肯定也不想在路途中迷失在自己的想法里。

你的理想

现实

图 7-1 理想与现实

来源：From 99designs.com/Konstantin. Reprinted with permissions of 99designs. com.

正念不仅能提高你的情商，还能让你成为更好的领导者。正念不仅可以帮助你以更加稳定、更加优雅、更加轻松的方式，驾驭生活中的高潮和低谷，即便在高压情境下，也能如此。正念不仅可以帮助你处理好压力和自动反应，还可以帮助你"抓住并释放"毫无裨益的内心的想法和信念，是它们阻碍你充分发挥自己的潜能。正念除了可以帮助你做到这些事情之外，还可以帮助你迎接这段旅途的最后时刻，并且让你对全部旅途保持清醒。亲爱的读者，这种清醒，恰恰是正念最甜蜜的果实之一。

为了种植和收获这些果实，我们必须播下正念的种子。如果你已经读到这里，就已经把种子拿在了手里。接下来，你打算怎么办呢？是满足于从表面上去理解它，还是按照严格的步骤去培育它呢？在第二部分中，我们将播种、浇灌，并且为之提供阳光。这样，在你追求卓越表现、领导力和幸福感的旅途中，正念的种子才能成为你强大的盟友。你准备好开始了吗？

持续深入：卓越绩效、非凡领导力和超级幸福感 8周正念之旅

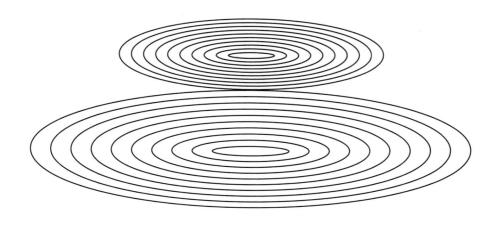

课程简介 | **8** 第八章

首先，恭喜你！你已经迈出了正念之旅的第一步，开始播种和培育正念的种子，而现在，这颗种子就握在你的手中。将注意的焦点转向自己的内心是一种勇敢的行为，因为在此过程中，我们需要面对一些令人难以接纳的事物，但是我们必须接纳它们，否则我们依然会被过去捆住手脚。

本书的第二部分，旨在帮助你掌握一套连续的、细致的、可以持续努力的正念冥想练习，通过这些练习，你可以收获正念的诸多好处，而这些好处已经经过科学的验证。在后续章节中，我将介绍多种实践、练习和活动，在如何选择生活方向、如何与世界互动、如何体验这个世界等领域，它们将为你带来革命性的转变，解锁并提高你的潜能。每一章的核心主题不仅介绍正念，还将在适当时机介绍一些实用技巧，用以提高工作绩效和领导力。别担心，当出现这种情况时，我会明确指出来，以免弱化或歪曲核心的正念原则。

后续章节将遵循一种结构化的流程设计，便于你快速掌握这些概念，进行富有成效的练习，并且将所学知识应用于现实生活。在每一章中，我将首先讨论该章的关键概念，以及它为何如此重要。随后我们将过渡到主体练习，即10~20分钟的冥想。这将是你每日"作业"的一部分（我们也将介绍其他的一些建设性意见或技能练习）。从第 2 周开始，我把练习开始之后可能遇到的一些问题及其解决策略列入一个版块，名为"常见的问题、困难和挑战"。最后，把"要点、练习和提示 / 线索"版块作为每章的收尾，列出本章的重点、日常的练习，以及一些提示或线索，帮助你注意到可以去哪里发现，正念已经对你的生活产生了某些影响。

我曾经提到，要留意正念练习的效果，但是我必须强调，这不是一蹴而就的。幻想只经过一两天正念练习就能看到巨大的变化，这就好像只在健身房里锻炼了一次，就立刻要冲回家看看镜子里的自己是不是比以前强壮了一样。这不是网上搜索，结果不会瞬间出现。我强烈建议你能够承诺，坚持完成这门课程，并且将注意力聚焦于持续进行练习的过程，而不是练习的结果。按照我的经验，通常是你身边的人会留意到这种积极的变化，然后过来向你询问。

每一章都代表着一周的练习。你可以投入更多时间完成每一章的主体练习，也就是说，你可以投入两周时间完成某一章的主体练习，然后再进入下一章，但是我不建议你在每一章投入的时间短于一周。这些练习能够让你得到深刻的领悟和显著的成长，其方式就跟我们退休账户的利息一样，一开始一点点地积累，突然某一天数字开始暴涨。直接跳到最后一章的练习，或者略过某些章节的"投资"，对你在这条特殊道路上的学习，有百害而无一利。

当然，你可以在课程开始之前通读本书，从而得到一个大致的了解，但是你必须回去从头开始课程学习，从头开始练习，才能收获裨益。通读本书会让你对一些关键概念和见解有一个理性的了解，但是仅有理性的了解是不够的。究其原理，就像你阅读一本书，虽然它完美地介绍了最佳游泳姿势的速度和耐力练习，但是如果你不跳到水里练习游泳的话，你的技术水平就不会有丝毫变化。

■ ■ ■

　　就像将任何新的行为融入生活一样，我们需要对本课程的练习做出承诺，并为练习留出时间。当我们试图改变自己的生活常规时，我们的头脑就会介入，试图阻止我们。最好现在就认识到这一点，并且采取措施尽量减少其影响。还记得你决心实现但是半途而废的新年誓言吗？你肯定知道，我说的是哪一个。你在第 1 周，每天都早早起床去履行诺言，然而到了第 2 周，闹钟响了，但是你没起床。这是怎么回事？

　　对大多数人来说，这种经历司空见惯。当我们试图将一种新的行为融入自己的生活时，我们很少有意地确定，为了腾出时间来需要牺牲点什么，也很少做出有效的承诺，把新的行为与我们正在做的事情联系起来。结果，在上文提到的那个该死的清晨，你的头脑捏造了一个理由，那天为什么不应该早起并对这个理由深信不疑，你被捏造的理由勾住、收线、钓上岸，按下按钮"再睡一会儿"。在此之后，你的"决心"也就没有机会再坚持下去了。

　　在本课程的学习过程中，你的头脑依然想这么做，因此让我们来挖掘一下你的动机；决定需要放弃什么；为我们的主体练习选择时间、地点和提示；当我们的头脑试图用各种借口来迷惑自己，并让我们保持卑微却舒适的生活时，知道自己应该做些什么；现在就做出强有力的承诺。

动机

　　为何要读这本书？为何要上这门课？希望自己能从这个练习中得到什么？为什么？花 5 分钟时间写下你的答案。理解你的动机非常重要——最基本的，需要你做出承诺，持续进行正念练习。你希望自己能在压力之下更稳定一些吗？在这个充满分心因素的世界里，你想与所爱之人更好地活在当下吗？想要提高自己的能力，直面和驾驭生活中不可避免的起伏，是你开始踏上这段旅程的原因吗？无论这些问题的答案是什么，尽可能将其明确、具体地表达，这至关重要。你的理解越清晰，当你意志薄弱时，它就越有用。虽然我们想轻松地坚持这些动机与目标，但是在不想练习的日子里，你也可以让这些问题的答案，成为召唤你归来的试金石。

你需要放弃什么

用于这门课程的时间不会奇迹般地出现，你必须做出一些调整，挤出一些时间，究竟怎么做呢？一种挤出时间的方式，是考虑一下在你有限的时间里，你正在做的哪些练习是不明智的（或者没那么有用）。不管你是否觉察到这一点，你已经在生活中做了很多可能不那么合适的事情。你是否每天定期在社交媒体上花费 2 小时时间，通过"阴暗刷屏"（负面信息刷屏）在练习拖延症？你是否正花时间在工作时谈论别人，而不是完成工作任务，从而练习"八卦"？你是否正在通过最喜欢的视频媒体或有线电视观看最新的、最好的节目，让自己练习成为流行文化的"万事通"？这些"练习"不仅会占用你宝贵的时间，还会强化我们前文中所讨论的那些神经通路，让你更易于陷入坏习惯中。你所做的每一件事，都有其机会成本。为什么不用一些可以对你的个人生活和职场生涯产生积极影响的练习，去取代这些"练习"呢？花几分钟时间清点一下，你可以从一些毫无裨益的事情中挤出多少个 20~30 分钟时间，并将其重新分配到本课程的正念练习上。当你想出了一些可以做出调整的事情（总会有一些的）之后，询问自己，你的生活中是否有人需要知道你正在修习这门课程，以及那个人应该如何支持你。让你的配偶／伴侣、室友、孩子、同事或朋友知道，你想参加这门课程，并让他们知道用何种方式为你提供支持，这对你找时间做练习，还是找借口不做练习，有着天壤之别。

开始练习

我们要动真格了。在哪里进行练习，做什么练习？思考这个问题的最佳时间，肯定不是早上 5:30 闹钟嗡嗡作响的时候。那样只能埋下祸患。B.J. 福格和詹姆斯·克莱尔之所以为大家所熟知，是因为他们有一本著作，专门探讨如何养成持续多年的习惯，我们将利用他们介绍的一些技巧来开启我们的练习。我强烈推荐他们两人的著作，但是我个人不喜欢"习惯"一词，因为它意味着做一些无意识的、不需要思考的事情，这在本质上与正念截然相反，所以此处我会用术语"行为"来代替"习惯"。福格和克莱尔提出了一些常见的主题，帮助人们成功地塑造新行为。营造一个有利于产生新行为的环境至关重要，其中包括一些容易被注意到的线索 / 提示，用来激活新行为。他们主张清晰地描述行为发生的时间和地点，并把它们写下来。将新行为与现有的行为联系起来，将会很有帮助，两位作者都认为，当我们做出新行为时，要为自己庆祝或奖励自己。让我们把这些观点带入我们的语境中。

对一个新行为来说，清晰详细的书面陈述应该是什么样子的？在我们当前带有目的性的语境下，一份带有承诺的陈述可以是这样的："每天早上，当开始煮咖啡时，我会在厨房的餐桌前做 10 分钟的主体正念练习。"该陈述中有提示当前的行为、新行为、在何处完成，以及持续多长时间等。这在我看来已经足够详细了。当然陈述也可以是这样的："每天晚上，在我刷完牙并把牙刷放进支架后，我会走到客厅，做 15 分钟的正念冥想。"

哪些线索可以成为新行为的触发器呢？它可以是任何东西，但是最好容易被看到，并且容易被理解。如果你的新行为是跑步的话，可以把运动服和跑鞋放在床边，这样你第一眼就能看到它们。就正念而言，你也许只需要把一张黄色的便利贴，贴到每天都能看得到的镜子或咖啡壶上，或者你也可以在自己的手机背景上写下："你做每日正念练习了吗？"这样如果你第一次错过了练习的话，还能得到提示，将其作为提醒，在一天当中做非正式练习。这时候，有些人会决定通过携带图片、饰品或其他与正念有关的物品（如小佛像、念珠、铜铃等物品）作为练习的提示。

别忘了奖励。你哪天做了练习，就可以用一些简单的方式庆祝一下或奖励自己。现在你如何庆祝微小的胜利？你会给朋友或要好的伙伴发个短信吗？你会向空中挥拳庆祝吗？你会用自己最爱喝的咖啡犒劳自己吗？将能够唤起积极情绪的奖励或庆祝方式融入进来，可以进一步强化新的行为。这并不意味着实际进行的冥想必须是令人愉快的；事实上，它可能非常艰难，就像在健身房里努力锻炼一样，可能会令人感到非常不适。无论是哪种情况，你进行了练习，这本身就值得庆祝。

现在花 5 分钟时间，写一份简单的练习陈述，列出时间、地点、时长、用什么提醒自己，以及你每天在练习之后如何庆祝或奖励自己。

应对找借口、评价性和控制性思维

当你开启这门课程时，你的头脑应该并不喜欢它。你的一生都处于某种状态中——通过寻找身外之物，去满足内心需求。4 岁时你想要一块糖果，6 岁时你想要一辆自行车，16 岁时是一辆轿车，18 岁时是合适的大学，22 岁时你想要得到一份理想的工作，30 岁时是房子和家庭，35 岁时是升职加薪，一直持续到今天。主观幸福感、自我价值感和满足感，似乎总是在下一项成就和收获那里，而头脑则一直坐在司机的位置。因为担心危险驾驶，有些青年人不得不从年迈的父母或祖父母手中拿走车钥匙，问问这些年轻人，那些老年人有何反应。老年人不喜欢这样，有时候他们还会威胁、争论和报复。你可以猜想一下，你的头脑也会做出同样的行为。

你的头脑可不喜欢你"无所事事"，哪怕一天只花10分钟，那也是"浪费时间"。噢，你也许开始的时候坚定不移、动力十足，但是在某个时刻，头脑会带着对正在发生的事情的评价介入进来，制造借口放弃练习，然后用"你早就远远地超越了这门课程或这些练习"之类的甜言蜜语低声告诉你，可以停下来。它有时会抱怨你不擅长这些，或者抱怨你不如去做点别的事情。如果你在某节冥想课程中神游，你的头脑就会开始对你狂轰滥炸，认为你是一个失败者。头脑的这些所作所为，都是有原因的，并且只有一个原因：保持控制。

　　"头脑是一名优秀的仆人，却是一位糟糕的主人"，我不清楚这句话最初是谁说的，但是这一观点用在此处十分应景。在接下来的两个月，你将以一种全新的方式学习和锻炼头脑，如果持续不懈地、勤奋地做下去，它就能推翻这种力量对比。你的头脑深谙这一点，它将使尽浑身解数让你停下来。不要向它屈服。运用我在第一部分中教给你的"抓住并释放"方法，让你能够完成承诺的事情，而不是成为寻找借口、做出评价和控制性思维肆虐的牺牲品。抓住这些想法，用科学家的好奇心，和只有向真正的朋友才流露出来的友善与关怀去满足它们，然后释放它们。随着时间的推移，你会看到那些涌入你脑海中的想法，就像天上的云一样来来去去。它们不是你，你没必要让它们控制你的行动，或者把它们放在心上。关于这一点，你现在听起来或许感觉有点奇怪，但是随着练习时间的增加，你会真正明白我的意思。当你开始从头脑的暴政中解放出来，自我设限的信念对你的控制就会越来越小，你对生活的自动反应就会减弱，你将找到一种全新的方式与这个世界发生互动。最终，你将意识到关于正念更简单但是更深刻的定义：真切地理解，正念就是与当下的对话，也只有当下才能与之对话。

第九章 9 第1周: 没有短暂的瞬间——从自动导航到带着觉察生活

两年前，我刚刚完成为期数周的正念课程，正在宾夕法尼亚州葛底斯堡郊外的露营地放松并陪伴儿子，我听说居住在我们社区的一个小男孩不幸去世了。这个消息让我非常震惊，就像听到任何会让父母震惊的儿童悲剧一样。我感到无比沮丧，但是同时也很庆幸我的儿子平安无事。我敢肯定，我给儿子意外的拥抱持续的时间太长，3岁的儿子感到身体被勒得太紧，所以他扭动着身子逃出了我的怀抱，回去继续挖掘我们种植的植物，继续寻找地下的虫子。

我的脑海中立刻浮现出了双职工父母在一天中可能会遇到的情况，以及在经历这个过程时可能会唤起的情绪体验：

> 母亲或父亲在上班前，匆匆忙忙地顺路把孩子送到学校，然后马不停蹄地赶到单位。但是因为堵车被困在车流中，再次因为送孩子花了太长时间而心生怒火，然后向自己保证，下次送孩子的时候效率要更高一些。在单位工作时处理每天的事务，对效率低下的办事流程感到沮丧，并向同事控诉自己对老板最新的"好主意"非常不满。坐在充满未来感的、毫无生机的立方体办公室里，匆忙浏览着那台老式笔记本上的电子邮件，这

台笔记本的速度实在太慢，想要更换掉，已经和信息技术部扯皮好几周了，却始终未果。为了节省午餐时间，他继续浏览电子邮件，并在参加下一个会议之前仓促吃完午饭。看到学校的来电，忽然，一种诡异的感觉冒了出来，他在想："是我忘了给孩子带午饭吗？难道是孩子忘了告诉我今天学校只上半天课，我现在需要放下所有工作，马上去学校接他？"当电话那头的人开始说话时，之前感受到的所有因为嫌麻烦而产生的懊恼和担忧，都会被一股痛苦的、难以置信的愤怒和深深的悲伤所淹没。

我哭了。想象的画面继续向前铺开。

工作所带来的烦恼瞬间烟消云散，取而代之的是一种无法抑制的想要和孩子共度时光的渴望，哪怕是很短暂的一小段时光，无论这段时光多么令人懊恼、沮丧，甚至失去控制。同时会涌起一种渴望，想要回忆和孩子在一起的短暂时光，很多在当时从未留意的记忆，如今都变得清晰起来，但是让人异常痛苦。

我看着儿子用手指捏着泥土，我知道需要在晚饭前帮他清洗干净。我有意地、尽可能多地记住这个场景。

众所周知，经历丧亲之痛，往往会揭开厚厚的遮挡——那些被社会视如珍宝的事物，如昂贵的物品或功成名就等，揭示出真正有价值的东西。刹那间，一切都变得清晰起来，与生活中最重要之人的真挚关系才能深深地触动我们，而这一点却经常被我们熟视无睹。对大多数人来说，没有意识到的问题在于，这种清晰的认识只会持续很短的时间，然后我们又会缓慢地、无意识地或被迫地回到我们习惯化的行为。

我们再次开始牺牲掉与他人的真挚共处，开始一心多用，或者致力于获得社会视角的成功。这种重新回到与他人缺乏真实共处状态的倒退，让我们失去很多与真实的人际关系相伴而生的礼物。直到下一场不可避免的灾难来临时，我们才会再次看清，到底什么对我们来说才是真正重要的。然而，下一次，这种清晰的认识还会带来一些自我批评，因为我们在深刻了解了什么才是真正重要的事情之后，再次错过了那些珍贵的瞬间。

幸运的是，我们可以从自己生活中大大小小的悲剧、灾难和丧失中吸取教训。我们可以把它们作为提醒，时刻留意当下最重要的事情。当你的孩子现在可以自己穿衣服时，你意识到上一次帮孩子穿衣服已经是最后一次了，而你是多么希望自己在过去能够更加留意这些瞬间啊，这是一种提醒。当你的孩子不再让你帮他洗澡时，你意识到上一次帮他洗澡已经是最后一次了，而你是多么希望自己能再这样做一次啊，这也是一种提醒。留意到这些时常出现的提醒，可以帮助你更加密切地关注生活中"短暂的"瞬间。你知道的，正是这无数个短暂的瞬间构成了我们的生命。也许，你还会意识到，这些瞬间正是因为没有被你留意到，才变得短暂；而当你足够留意到它们时，这些瞬间也就不再短暂。

回到营地后，我继续让想象的画卷往前铺开。我开始想象，当你意识到自己再也没有机会为孩子清理掉他座椅下的面包屑时，将是何种滋味，你会双膝跪地并用尽全力去清理面包屑，为的就是与自己的小天使多待一段时间，哪怕一个瞬间，如果可以的话，直到时间的尽头。

我走过去和儿子一起坐在地上，把双手深深地插进泥土里，投入我生命中最重要的瞬间：当下。

■ ■ ■

这个故事阐明了"短暂的瞬间"不断变化的价值，以及能够摆脱自动导航状态，并且有意将注意力转移到生活中的每个瞬间，何等重要。让我们探索一下生活中自动导航的倾向，以及这种自动导航行为对我们的体验、人际关系和决策制定等，造成何种影响。

我们人类是具有习惯性的动物，一旦某项活动被固定下来，往往就会成为经验的底色。当我们在生活中前行时，我们会逐渐进入自动导航模式。你曾经在第一次开车时也经历过这种情况，或者当你因为换了新工作而改变通勤路线时，也是如此。第一次开车，你需要注意力更加集中，因此你在整段路程都全神贯注。你会留意路标、地标建筑和其他车辆。你会密切注意自己将手放在方向盘的何处，你的脚应该在哪里踩下油门或刹车。通常在相同的地点出发、通过相同的路线、几乎在同一时间到达，经过数月驾驶之后，你才能开始注意到开车之外的其他事情。那时候，你可以思考你和朋友间的分歧，听听有声读物，或者规划一天的工作，而不需要将太多精力花费在开车上。

这一过程非常普遍，和心理学所描述的能力发展四个阶段非常契合。

1. 没有意识到自己没有能力。你不知道自己不知道什么。
2. 意识到自己没有能力。你知道自己不知道什么。
3. 意识到自己有能力。你知道并且能在专注时做成某事。
4. 没有意识到自己有能力。你甚至不需要思考就能做成某事。

事实上，学习是人类生存的重要本能，这让我们在进化过程中占据优势，而学习过程就按照上述四个阶段依次进行。当我们在做事的时候意识不到自己的能力时（自动导航状态），这会解放我们的大脑，让它去从事更加艰巨的挑战，或者想出更多具有创新性的想法。此外，我们在第二部分的简介中提到，将我们每天都在自动执行的某种行为与另外一种行为联系起来，可以让我们更容易触发和开始新行为。自动导航行为也是如此。有时我们的自动行为会触发接下来的一系列行为，让它们也变得自动化。例如，你每次在出门前拿起钥匙时，都会自然而然地检查口袋里的手机和钱包，然后锁上门，进入车里，启动汽车，以此类推。在这些环境和情境下，这一系列过程看起来天衣无缝。

不幸的是，自动导航状态同样适用于那些毫无裨益的行为，而现代世界的分心因素也会加剧这个问题。你是否曾经在看电影的过程中，直到手抓到了空空如也的袋子底，才突然意识到自己已经吃完了一整袋薯片？这就是处于自动导航状态的进食，你甚至无法体验到吃零食的"好处"或乐趣！你是否注意过自己伸手去拿手机的习惯？大多数人在每天的生活中有几十个提示，让他们每天一百多次不假思索地拿起手机。必须要等3秒钟红灯？看看手机。在商店里排队？看看手机。刚刚上车？看看手机。停好车了？看看手机。去上厕所？看看手机。最后这个稍微有点恶心。

自动导航状态不仅仅限于习惯。我们生活中的大多数时间都处于自动导航模式，经常让我们无法觉察和注意到当下的体验和周围的人。自动导航模式几乎可以把我们所有的时刻都变成短暂的瞬间。这种自动性会悄然渗入我们的决策、对话、休闲时间，甚至是人际关系中。我们都知道和我们的爱人、朋友或同事在一起是什么感觉，但是我们因为陷入穷思竭虑或沉溺于手机，通过自动导航模式与人互动，只是走走过场而已，从未真正地与他们共处于当下。

在本章开篇关于痛失爱子的故事中，我们可以想象到，当我们失去所爱之人后，回想曾经在自动导航状态下与他们相处，多么令人痛苦。你生活中有多少时间是在自动导航状态下度过的？由于你的注意力被手机或穷思竭虑所占据，你错过了多少与他人建立联系的瞬间？有多少个时刻，因为你不关注他们，而成为稍纵即逝的瞬间？

■ ■ ■

唤醒你的生活

当我们开始意识到自己的自动导航模式，并有意迈出第一步，从自动导航模式中醒来时，正念随之开启。若要做到这一点，我们必须使用自己的正念"肌肉"，在注意的方向性上获得更多的能量，并强化我们大脑的神经通路，从而让我们可以更轻松地回归正念、专注的理性回应状态，并且频繁地使用这种头脑运作模式。从我在第6章中介绍基础的呼吸觉察冥想开始，我们就已经踏上了正念之旅。

在呼吸觉察冥想过程中，我们遵循着这样一个循环：将注意力集中在呼吸的感觉上，能够注意到自己迷失在想法里，温柔地把注意力拉回到呼吸的感觉上。这是一个很正式的练习，我建议你在整个课程中（以及课程结束以后）每天至少做两次，因为能有效地集中注意力，还能增强我们随心所欲地引导注意力的能力。我们将这种类型的练习称为正式练习。正式练习是指我们留出特定的时间来做的冥想练习。这类似于去健身房练习举重。

我们也会在每天的其他时刻进行非正式练习，以此支撑我们整体的正念练习。继续以健身作为类比，这些练习类似于在上班时选择走楼梯而非坐电梯，因为这能支撑你的健身目标。非正式练习并不能取代正式练习，前者是后者的补充。

一种重要的非正式练习，可以让你更多地投入当前所处的自动导航状态中。我们很多人都会在自动导航状态下进行每天的日常活动，包括洗澡、刷牙、吃零食、煮咖啡等，以及其他许多你自己可以想到的活动。这种非正式练习，只是让你在做这些活动时，投入更多的注意力，并唤醒你的全部感知。让我们以洗澡为例。

假如我问你，今天早上你和多少人一起洗澡，你可能会对这个问题感到震惊与困惑。最终，你也许会回答，自己是一个人洗澡。然而，我认为这个回答并不完全正确。很有可能有这种情况，假如在洗澡那天你要去开会或会见某人，你也许会在这些互动开始之前先"演练"一番。假如你最近与伴侣吵架，你也许会"重现"这段争吵。这些时候，你并非孤身一人，不是吗？你已经引入了其他人和其他情境，并没有全身心地体验洗澡的过程。此时，一个非正式练习就是要启动全部感知，有意去留意洗澡的体验，也就是正念洗澡。

正念洗澡

当你今天晚上或明天早上洗澡时，有意唤醒自己的全部感知，尽可能充分地体验洗澡。下面的指导语将告诉你如何进行这个非正式练习。比平时花更长的时间洗澡，在通常瞬间就可以完成的步骤上多花 5~10 秒钟时间，对这个练习大有裨益，你没有必要每次都正念洗澡。在你打开花洒之前，在浴室外面就开始练习。

1. **凝视花洒**。花些时间真切地看着花洒（浴缸 / 淋浴）。留意它的形状、轮廓和颜色。看看控制水流和温度的把手。让自己在进入下一步之前，充分地探索每个部分。

2. **打开水龙头**。伸手接触把手，密切留意手触摸把手的那个时刻。你感受到了什么？它摸起来凉吗？光滑吗？触感细腻吗？打开水龙头。

3. **聆听流水的声音**。当你打开花洒时，聆听出现的各种声音，将水温调节到你想要的温度。一旦温度合适，就开始淋浴。

4. **开始淋浴**。留意水流最初触碰你肌肤的感觉。全身心投入这种触碰的感觉中。你的肩膀距离花洒喷头很近，因此肩膀或许能更清晰地体会到水流洒落的感觉。你的脚部对水流洒落在上面感觉如何？你能感知到脚上水流的感受吗？如果感受不到，也没有关系。

5. **嗅闻肥皂**。拿起你的肥皂，把它放在鼻子下面，吸一口气。它有什么气味？留意它对你产生什么影响。它令你感到愉快吗？那种感觉强烈还是微弱？

6. **涂抹肥皂**。用你通常使用肥皂的方式涂抹、清洁身体。留意肥皂泡沫涂抹在皮肤上的感觉，把肥皂拿在手中，与把它涂抹到身体上，两者的感觉有何差别。注意你是如何把肥皂从身体的一个部位移动到另一个部位的，包括你的头发。你是有意决定的，还是自动发生的？

7. **用水清洗**。有意将肥皂和方巾放回原位。留意将身体上的肥皂泡沫冲洗干净的感觉。全身心地投入清水冲洗身体的感觉中。

8. **擦干身体**。当你湿润的双手触摸干燥的毛巾时，注意两者之间的差别，当你擦干身体时，充分觉察毛巾接触身体的感觉。

9. **留意与反思**。在你洗完澡并擦干身体后，花些时间留意以这种方式洗澡，与你通常洗澡之间的体验，是否存在差异。密切注意你正在做的事情，对自己的体验有何种影响？你还想把这种做法应用到哪里？

我建议你这一周每天都正念洗澡，在接下来的几周里，会要求你选择一些现在正不假思索就做的事情，并用一种更加正念的方式完成，将其作为一种非正式练习，来支撑你整体的正念练习。

正念与身体

这周将开始另外一种正式正念练习——身体扫描冥想，该练习可以帮助你注意呼吸的感觉和身体的其他感觉，这是一种和当下建立联系的便捷途径。当踏上正念之旅时，你会发现，当被头脑中毫无裨益的喋喋不休的想法所困扰，或者被针对过去和将来的穷思竭虑所占据时，你可以学会有意地将注意拉回到身体上，重新回到活在当下的锚点。和呼吸一样，我们的身体随时都和我们同在，同样可以成为防止我们被喋喋不休的想法带走的锚点，因此，培养对自己身体的觉察能力，同样也是一种基础的正念练习。

正如我在第一部分中提到的那样，正念是一种将注意力集中在当下的体验上，而不过度陷入自动产生的想法与评价的能力。这个描述的后半部分"不过度陷入自动产生的想法与评价的能力"，同样需要经过练习才能做到。身体扫描冥想不仅可以帮助我们学会维持自己的注意力，还能让我们练习出一种好奇与客观的态度，来承接在我们面前出现的任何体验。如果在练习过程中，评价不经意地出现，也没有问题。没有必要惩罚自己。只需要练习不去评价不经意地出现的评价，来进一步练习不被评价所占据。

我建议你在接下来的 7 天里，每天都做身体扫描冥想。如果你不能一周 7 天都做练习的话，就只做 6 天；如果你不能一周之内做 6 天练习，就只做 5 天。你应该懂我的意思了吧。记住，我的意思是说，只有你做练习，才能看到练习的结果。随着时间的推移，这些练习能够提供的"回馈"比你的付出要多得多。如果你觉得自己太忙了，或者每天进行这种形式的"休息"会对你的工作绩效产生负面影响，那么想想精英运动员们对休息、恢复和心理训练的态度吧。每个优秀的运动员都知道，休息、恢复和心理训练对巅峰表现至关重要。这些练习有时候像休息，有时候像锻炼；这两种体验都会很有帮助。

身体扫描冥想的常规流程其实非常简单。先花一些时间专注于呼吸，然后用注意力像聚光灯一样"扫描"全身，用一种系统的方式在身体各个部位之间依次移动，只是留意你在身体各个部位的感觉。类似于呼吸觉察冥想，你可能会迷失在各种想法里。当发生这种情况时，仅仅留意自己陷入何种想法之中，并把注意力拉回身体扫描冥想中打算关注的身体部位。不要纠结于追求完美。对自己温柔一点，对练习体验带着一份开放和好奇。

你可以先阅读下面的冥想文本，然后在没有任何指导的情况下进行练习。

身体扫描冥想

找一个能让你最不受打扰（尽管打扰总会经常出现）的地方坐下或躺下。与呼吸觉察冥想类似，身体扫描冥想帮助我们把头脑带入当下。除此之外，它还能够让我们更加清晰地留意生理感觉。生理感觉可以提前预警即将到来的情绪。例如，愤怒的前兆可以表现为后颈部发热、磨牙，以及呼吸短促。尽管这些感觉会被我们忽视，但是它们通常会在我们被随后的情绪所支配之前出现。如果我们能在这些感觉出现时就觉察到它们，就更有可能活在当下，并且做出更加理性的回应，而不是迷失在强烈的情绪之中，做出自动反应。

在练习的过程中，我们会注意到不同身体部位出现了何种感觉，无论它们是什么，并释放掉一切幻想的冲动，希望它们能与被发现时有所不同。如果我们发现自己迷失在评价、自我批评，或者任何其他想法和故事中，就抓住它们，然后回到冥想的引导语中。注意，此处的目标不是要放松，尽管这有可能会发生。相反，我们的目标仅仅是活在当下。让我们开始吧。

- 请选取坐着或躺着的姿势，心情平静地进行练习。一旦心情平静下来，就闭上双眼——如果这让你感到舒适。开启你的注意和觉察，仅仅留意头脑与身体发生了什么，安静地待一会儿。让注意到的一切事物自然地存在，放下任何希望事情有所不同，或者希望它们消失的冲动。
- 用无条件的友好和关怀的态度去包裹身体。
- 开始觉察呼吸的感觉。
- 当空气进入鼻子并让胸部和腹部隆起时，留意这种感觉。当空气从体内呼出并返回外界时，留意这种感觉。
- 释放任何想要控制呼吸的冲动，仅仅留意呼吸的过程。
- 现在，让注意力向下移动到左腿、左脚，再到左脚的脚趾。
- 全神贯注地关注左脚脚趾并留意一切存在的感觉。也许会有刺痛感，也许会有温暖感或凉爽感，或者某种温度感，也许完全没有感觉。这完全没问题。我们并非试图要让任何特殊的感觉出现，而是仅仅留意那里有什么感觉。
- 现在扩展你的注意力，以涵盖你的整只脚。脚的底部——包括脚后跟和脚底，以及脚的顶部和两侧。探索任何出现的感觉。好奇和不加评判地觉察这里的任何感觉。
- 将注意力转移到脚踝，除非它受伤了，否则这个部位通常会被忽视。现在这里有什么感觉？如果这里存在损伤的强烈感觉，同样用好奇和不加评判的觉察，留意到它的存在。
- 现在继续把注意力移动到小腿、腓部、胫部、小腿两侧、膝盖，然后到大腿，一个挨着一个。依次注意这些身体部位的感觉。

- 要认识到，当我们让注意力在身体各个部位之间移动时，想法、情绪、记忆或者其他与该身体部位有关的体验，如膝盖受伤、跌倒或其他创伤，都有可能浮现。如果发生这种情况，只需要让这些想法和情绪自行出现并消失，要认识到这些只是一些想法。没有必要赶走它们。

- 现在，将注意力向下移动到右腿、右脚，再到右脚的脚趾。

- 全神贯注地关注右脚脚趾并留意一切存在的感觉。也许会有刺痛感，也许会有温暖感或凉爽感，或者某种温度感，也许完全没有感觉。这完全没问题。我们并非试图让任何特殊的感觉出现，而是仅仅留意那里有什么感觉。

- 现在扩展你的注意力，以涵盖你的整只脚。脚的底部——包括脚后跟和脚底，以及脚的顶部和两侧。探索任何一种感觉。好奇和不加评判地觉察在这里发现的任何感觉。

- 将注意力转移到脚踝，留意这里有什么感觉正等着你。

- 头脑可能会不时地走神，从对感觉的注意上溜走，迷失在想法、故事、焦虑、幻想、担忧或遗憾中。发生这种情况并不是一种错误。只需要认识到头脑迷失在何处，温柔而坚定地把注意力拉回到你认为它应该在的地方。

- 现在继续把注意力依次移动到小腿、腓部、胫部、小腿两侧、膝盖，然后到大腿。依次注意这些身体部位的感觉。

- 放松对右腿的有意觉察，并且将注意力转移到臀部和骨盆。

- 右臀部、左臀部，以及整个骨盆区域。留意这些部位的任何感觉。

◆ 现在，把注意力转移到下背部，我们可能会在那里承受紧张、压力和不愉快的感觉——你也许会称之为"疼痛"。如果此处有任何类似的感觉存在，看一看你是否有可能只是留意到这些感觉，让它们自然地存在。抓住然后释放任何的冲动，无须希望感觉能与你发现它们的时候有所不同。

◆ 留意此时此刻出现的任何感觉。它们是静止的吗？它们是否发生了变化？探究这些感觉，尽可能清晰地留意它们。

◆ 扩大你的觉察到背部，然后是上背部。同时要涵盖后肩部，从而让整个背部都被觉察。

◆ 放下对背部的觉察并将注意力转移到腹部。留意这个身体部位的任何感觉。也许还要留意此处呼吸的运动。

◆ 如果被想法、故事、担忧、想要快速结束练习的欲望，或者无聊感等分散注意力或占据，就抓住它们；认识到大脑迷失在何处，把注意力拉回你想让它出现的地方。

◆ 把注意力从腹部转移到胸部。留意这里的感觉，或许与任何其他可能出现的感觉相比，呼吸的感觉更能被清晰地留意到。有时，微妙的感觉会被更明显的感觉掩盖。

◆ 现在，把注意力转移到双臂和双手。把初心带到这个我们无比熟悉并每天都在使用的部位上。像是第一次见到那样，注意双臂和双手，把好奇带到此处的任何感觉上来。

◆ 放下双臂和双手，把注意力转移到肩部和颈部，此处是我们有可能经常承受压力和紧张的部位。此时真实的感觉是什么？放下一切想赶走任何不愉快感觉的冲动，只是去留意此处有什么感觉。允许这里所发生的一切都被充分地感受到并对此持开放态度。

- ◆ 放松肩部和颈部。现在，把注意力转移到面部和头部，依次沿着下颌、颏部、嘴部、鼻部、面颊、颞部、太阳穴、眼部、前额、头皮和后脑移动。留意沿途各个部位的感觉。
- ◆ 现在，让注意力像泛光灯一样扩大，从而让全身都登上觉察的舞台。留意全身各个部位的感觉。
- ◆ 现在，再次缩小注意力。在练习的最后几分钟，回到呼吸的感觉上来。
- ◆ 如果你闭上了双眼，我邀请你睁开眼睛。把注意力带回到你所在的房间。在你进行这一天接下来的工作之前，给自己留出一点时间，确定接下来做什么。

　　在最初进行身体扫描冥想时，你可能会问一些问题。留意身体的感觉，对我们究竟有什么作用？这样做的话，怎样才能把可能产生的好处归功于正念呢？在学习本课程的过程中，你自己能解答其中一部分问题，为了提供一些参考，我将做一些分享。提高自己对身体感知的觉察能力，可以帮助我们探索思考某种感受和直接体验某种感受之间有何区别，将帮助我们区分思维的头脑和感知的头脑，还将训练我们只是去观察感觉，而不进行过度分析，或者陷入评价，这在我们的其他生活领域都发挥着关键作用。最后，对身体更加敏锐的觉察，能够作为随后高强度情绪反应的早期预警，并为你腾出空间，从自动反应进入理性回应。然而，要想读懂身体发出的信号，我们必须用更高的分辨率，更加清晰地关注身体任何部位出现的感觉，进行身体扫描练习，就是为了培养这种技能。

要点、练习和提示

要点

◆ 我们大多数时间都处于自动导航状态，我们大部分生命都迷失于想法中。正念可以帮助我们解除这一魔咒。

◆ 摆脱自动导航模式，可以让我们更加充分地投入各种体验、人际关系和活动中。我们可以把呼吸与身体作为通往当下的入口——因为它们总是与我们同在。

◆ 身体扫描冥想提高了我们注意到微弱生理感觉的能力。这种感觉敏锐性起着重要作用，能够在我们迷失于某种情绪状态中，或者被其淹没前，为随后的情绪状态提供预警。

正式练习

◆ 呼吸觉察冥想——每日两次，每次至少 10~15 分钟。(参见第 6 章)

◆ 身体扫描冥想——连续练习 7 日，每日一次。(参见本章)

非正式练习

◆ 洗个正念澡——每日。

◆ 抓住并释放——每日，抓住并释放一个毫无裨益的内心信念、评价或想法。

◆ S.T.O.P. 练习——按需进行。

提示

◆ 你可能会留意到，你的大脑比想象的更"健谈"，你对注意力的控制能力多么薄弱。

◆ 你可能会留意到，那些以前被忽视的瞬间，现在变得生动了许多，并且你会有意地全身心投入其中。

第十章 10 | 第 2 周：如何面对生活，态度非常重要

头脑的质量决定生活的质量。在本章中，我们将探讨在正念之旅中应该持有的重要态度，以及我们面对每种情况时采用的两种思维模式：行动和存在。我们还将提及一些共同的主题、挑战，以及当我们初次开始正念练习时遇到的问题。让我们从一个小故事开始吧——这个故事是关于艾伦和山姆这两兄弟的，看看他俩在生活中有何表现。

艾伦和山姆一样，都在美国路易斯安那州新奥尔良市一个稳定的中产阶级家庭长大。艾伦是名木匠，山姆是位咨询顾问。他们都完成了学业，并且都过着让很多人羡慕的生活：他们都有自己的房子，从事高级管理者的好工作，并且没有金钱困扰。用一切客观标准来衡量的话，他们都是成功的。然而，如果你和他们面对面交谈，就会立刻意识到他们对生活的体验大不相同。

艾伦很随和。他对生活中带来的一切都持一种开放的态度，因为他相信任何情况下都可以总结经验教训。即使面对挫折，艾伦也相信自己能够渡过难关。他最喜欢的一句话是："好吧，我都已经走到这一步了。"如果你问他周末都在做什么，他很可能会回答，和一群朋友共度时光。如果让他的朋友们描述一下艾伦，他们会说："我能在他的身边做我自己。即使我们之间有分歧，无论我说什么或做什么，艾伦从来不会评价和批评。

无论我怎么样，他都接纳。"

艾伦喜欢做一名木匠。正如他所说的那样："我可以和聪明人一起工作，为那些品位各异的客户解决各种挑战性的问题，同时我总是需要用崭新的眼光审视每个项目，只有这样，我才能看到所有的可能性。完成异常艰难的工作，总会让人感觉不错。"当然，有些工作非常复杂，有时候客户会在项目中途提出修改意见，这会考验艾伦的耐心——因为他需要努力按时完工。在这些时刻，他会提醒自己，对拥有这份伟大的工作感到庆幸，而且变化本身也是工作过程的一部分。他知道，假如他或他的团队跳过一些重要的环节（例如，在进入下个工序之前，不让木胶充分地自然干燥），反而会造成更多的麻烦，即使能够按时完成，产品质量也会大打折扣。因此，在等待胶水干燥的过程中，艾伦会放松一下，专注于他能控制的事物上，并且与团队成员集思广益，探讨如何将新的变化融入项目中。想加入艾伦的团队非常困难，因为他们极少缺人。

然而山姆更像一根紧绷的橡皮筋，他总是对某件事感到压力山大。他努力地工作，确保不会有任何坏事发生在他自己身上或工作上。山姆不太擅长应对挫折。他经常说："为了做到这一切，我已经付出了太多；我不能失去它们。"他会为自己车上的划痕难过好几个星期。他可能会因为被拒绝晋升而选择跳槽。如果你问山姆，他这个周末都在做什么，他大概率不会和一群朋友共度时光。你看，每当山姆认为自己在某种程度上受到了轻视时，他就会怀恨在心，而且通常只是很小的分歧就足以让山姆感到崩溃。

山姆喜欢做一名顾问，他的报酬真的很不错。他的咨询项目很复杂，但是他是个行家里手，并且已然知晓大多数客户都需要什么。他喜欢说："我早已运筹帷幄，因此能够决胜千里。"在山姆的项目中，挫折或延误是无法接受的，并且他会不惜一切代价避免这种情况发生，因为它的出现就意味着他的失败，而他并不是一个失败者。他相信任何事情都能及时被解决——无论是客户要求的变更，还是他团队的暂时延误。他会评价他的同事，并且经常抱怨他们花了太长时间来完成工作。山姆知道自己并不完美，但是他会努力做到完美，所以每当他犯了错误时，会对自己同样苛刻。他的观点是，如果你不能每小时走 100 英里 ①，那么还不如不出门。"无论状况如何，按时完成工作"是山姆讲给团队的口头禅。他没有时间说出诸如同情或体贴之类的客套话，因为在山姆看来，这些只是耽误项目进展的软弱迹象。山姆很难让人留在他的团队里，当被问及原因时，他的回答是："他们不具备成功的必要条件。"

■　■　■

在我们的个人生活或职场中，都会存在一个艾伦或山姆，也许有很多艾伦或山姆。从我们现在所处的岗位上很容易就能看到，艾伦或山姆传递的生活态度非常重要。他们如何看待自身的境遇，不仅影响着自身体验的质量，也会影响到周围人的体验。你更愿意为哪个人工作，艾伦还是山姆？你认为谁在飓风中失去工作或家园时，会更加坚韧？谁的态度会更有利于学习正念练习？答案看起来显而易见，应该是艾伦，但是在学习新东西时，我们通常采取的态度更像是山姆，而不是艾伦。

艾伦对生活和工作的态度，展示了乔·卡巴金所说的"态度基础"，在通往更加正念的道路上，它们能够起到支撑和强化作用。这些态度包括不评价、耐心、初心、信任、不争、接纳、放下与顺其自然、感恩与慷慨等。

这些态度不仅有利于我们的正念练习，还可以在唤起之后被带入到各个生活领域：与家人和爱人在家庭生活中，与同事在工作情境中，以及与他人的人际互动情境中。

---

① 1 英里 =1609.344 米。

不评价

如果你一直在做每日正念练习，那么可能已经注意到，大脑一直在不断地评价我们的体验——我喜欢这个练习；我不喜欢这个练习。我喜欢这个人；我不喜欢这个人。这把椅子太软了；这把椅子太硬了。这很无聊，是一种时间的浪费；这很有趣，并且富有成效。我们有一种自动化的习惯，即把事物、人和体验分为三类：积极的、消极的、中性的。如果某个东西让我们感觉良好，它就属于积极的范畴，我们不但喜欢它，而且想得到更多。如果某个东西让我们感觉不好，它就属于消极的范畴，我们不但不喜欢它，而且希望它消失得无影无踪。如果某个东西没有让我们产生任何感觉，它就属于中性的范畴，通常，我们甚至都没有注意到它。

你也许在想："嘿，能够对某种事物做出评价，难道不是一件好事吗？"当我们没有被这些评价束缚时，当然是一件好事；但不幸的是，我们大多数人都已经被其束缚。和山姆一样，我们倾向于提前并经常做出评价，当我们做出了太多的评价时，这个过程就会变得自动化，其发生过程无声无息，很难被觉察。我们好像无法超越自己的评价，这些评价将我们封锁在无意识的信念中，这些信念会限制我们，让我们无法清晰地理解环境、他人和自己。

根据经验进行反应时会产生评价，就跟如果有东西进入你的眼睛，你就会眨眼一样，都是自动发生的。认为自己可以主动关闭一些突然自动出现的东西，如打嗝，这种想法是很荒谬的。这就是为什么我在定义正念的时候，把它作为一种不过度陷入自动化的想法与评价，并将注意力保持在当下体验上的能力。我不希望你带着错误的观念继续前进，认为只有停止想法和评价，才能进行正念，或者认为想法和评价能够被停止。这与事实完全相悖。想法依旧存在于那里，评价也会自动出现。你能够在想法与评价的飓风眼中做到正念。

在接下来的 8 周以及以后的日子里，你的目标只是在评价出现的时候注意到它们，并且提醒自己：我正在练习，不要陷入评价。"抓住并释放"。当留意到某个特定的评价性的想法时，没有必要在内心评论："我不应该评价自己！我做得太差了！我永远都做不到。"这些只是更多的评价。

耐心

"耐心是一种美德"，虽然这是一句被滥用的短语，但是百分之百准确。我们非常习惯于在几秒钟之内就得到问题的答案，当天就从亚马逊收到快递，随时观看最喜欢的电视节目，对很多人来说，即使等待 5 分钟，都感觉非常痛苦。

生活有自己的节奏。就像艾伦一样，他知道木胶会按自己的节奏变干，花朵只有在做好准备之后才会盛开。当然，你要把花种植在肥沃的土壤里，要每天给它们浇水，还要确保它们得到充足的阳光，但是终究，花朵只会在做好准备之后才会盛开。如果在某个特定日期，花朵没有盛开，你是不会感到愤怒并责怪它们的，这样做又有什么用呢？

假如正念练习没有按照你认为应该的方式进行，或者你看不到足够的"进步"，要注意对自己有耐心。持续进行练习（每天浇水），努力将这些态度融入生活（让土壤变得肥沃），有意将正念觉察带入尽可能多的瞬间（阳光），正念的裨益之花就将在万事俱备之后如期绽放。

初心

当我们积累了足够的生活经验时，往往认为自己已然知晓人生的剧本，并且认为很多事情理所当然。我们已经获得如此多的信息，以至于似乎失去了某种能力，无法用新鲜的目光审视世界、他人和情境，内心也无法停止对它们的各种评论。这让我们对近在咫尺的奇妙体验和美妙机会麻木不仁、置若罔闻。

在职场中，我们容易成为类似于山姆这样的"专家"，很难从新的角度看待事物，因为我们"以前见过某种类型的客户"，并且把自己先入为主的想法、计划和观点带入与客户的会谈中。当然，计划和考虑客户可能需要什么，的确很重要，但是初心能够帮助我们看到，可能会被我们错过的某些东西。

培养初心并保持好奇，可以帮助我们揭示并接受个人生活和职场中新的可能性，也让我们明白，不必纠结于过往的经历——它们塑造了我们的期待，也让期待成为现实；但是那些已经过去，这些才是现在。每个瞬间都独一无二、与众不同，并且崭新的可能性就蕴含其中。

信任

相信你自己，相信正念练习过程。你也许会碰到一个练习，自己认为还没有准备好，无论如何，一定要相信自己的直觉。在健身房里，努力按照新的健身教练的建议，举起过重的杠铃，明知不可以而为之，结果很可能是灾难性的。对老师（或者教练）的指导持有开放的态度固然很重要，但是真正做练习并看到结果的人是你自己。挑战性和压倒性之间有一个界限，这个界限的位置只能由你自己来决定。然而，要注意，挑战性通常会伪装成压倒性，让你停留在自己的舒适区。

正念练习将帮助你触碰心中的智慧。你也曾有过直觉。也许直觉会告诉你，你约会的对象不适合你，或者在面试结束之后，直觉告诉你不应该接受某份工作，面试中遇到的那个人也不应该成为你的新老板。这些正念练习会让你更加接近自己直觉背后的驱动力，从而让你在某些情境中（也许你已经把责任交付给了别人，让他们告诉你什么是"最好的"）信任自己。此处的要求是信任自己，并且对自己的生活承担全部责任。就像艾伦一样，你都已经走到这一步了，也要相信你自己能做到这一点。

不争

你是否曾注意到，我们所做的几乎每件事，都是为了实现什么，或者正在为某种目的服务？这种行动模式，总是能让人发现自动产生的期望与当前现实之间的差距，即事物实际如何与它们"应该"如何之间的差距。这种模式适用于很多场合。例如，当你正在分析一笔投资或制订一份项目计划时，把行动模式带入正念练习之中并无裨益。在正念练习中，要求的是不设置目标，感受冥想过程中出现的任何东西，而不是试图去改变。

我们坐下来进行冥想，并不是为了达到一种特定的状态，或者实现某些特定的目标。这听起来可能很奇怪，因为我之前曾经要求你，明确自己为何要上这门课程，以及你想从这门课程中得到什么。最重要的是，在进行正念练习时，努力实现你的正念"目标"，反而会南辕北辙、事与愿违。记住，回忆你参加课程的总目标，能激励你进行正念练习，但是当你坐下来进行冥想时，就将这些目标放下。注意：某些冥想确实有特定的目标，如提升共情或关怀。考虑到这类冥想把努力达到某种特定状态牢牢握在手中，它们其实并不算正念冥想。但是，在稍后的课程中，我也将介绍一些这类冥想，因为，提升某些诸如共情和关怀等品质，能够帮助我们和他人更有效地沟通。

接纳

我们浪费了大量时间和精力去否认现实，并且努力迫使各种情境、体验甚至是人变成我们希望的样子。在正念练习背景下，接纳是指无论自己喜欢与否，仍然愿意以事物当下本来的样子去看待它。如果你当下腰痛，就接受腰痛的事实，而不是试图否认疼痛或赶走疼痛。如果你在冥想过程中焦虑不安，就接纳那一刻事实就是如此。接纳，就是直面我们的体验并按照事物本来的样子看待事物。你不必喜欢它、认同它，或者为之感到兴奋。如果那个瞬间是不舒服的或痛苦的，接纳能够让我们处理而非回避这一体验。如果那个瞬间是积极正面的，接纳就能够让我们充分进行体验。

接纳不是让我们在面对毫无裨益的、不健康的或不安全的行为或情境时，被动地顺从。接纳能够让你更加清晰地、坦率地、开放地看待某种情境或行为（甚至是你自己的情境或行为），而这种不同的视角能够让你有可能做出改变时，采取行动并做出改变。艾伦就是一个典型案例，他接纳了自己不喜欢或不想要的事物，他接纳了客户在项目执行过程中做出改变，将其作为生意的一部分，并且专注于他能做的事情上。花费时间去否认、斗争或摆脱现实，只会徒增压力、紧张和沮丧。

放下与顺其自然

当你进行正念练习时，也许已经发现，自己的头脑正徘徊在某些想法、感受与情境中，并且想要远离它们。我们倾向于自动摆脱不愉快的想法、感受和体验，而留恋于令人愉快的想法、感受和体验。这个绝对正常，而且可以理解，但是当不愉快的情境出现，或者愉快的情境消失时，就会出现问题。想想某些痛苦的情境吧——难以放弃一段其实已经结束的关系，因为受伤导致运动职业生涯戛然而止，因为"业务重组"而失业等。

针对正念练习，放下是指放弃认为某些体验好于另外一些体验的坏习惯。如果你在冥想时所拥有的愉悦体验开始消失，就放下。如果你体验到一连串不愉快的想法或评价，没有必要与其斗争、尝试摆脱，或者深度卷入，就让它们顺其自然吧。

关于放下，还有另外一个角度。任何你抓住不放的事情，如果能够放下，是否为你带来新的可能性和新的机会？你是否坚信某种说法：在公开场合讲话的能力，可以保护你免受潜在的嘲笑？你是否坚持认为自己永远不能创业，恰恰是这种信念让你留在自己的舒适区？你是否认为自己是受害者，这种身份认同让你不用承担生活的责任？你坚持的某种事物，是否让你认为自己比真正的自我更加渺小？正念练习中的放下还有一种交叉效应，能够让我们放下正念练习之外的事情，它们可能对我们的生活、工作绩效和幸福感影响更大。

感恩与慷慨

对于已经拥有的和所缺乏的，你更关注哪一个？大多数人倾向于注意到那些未曾拥有但是想要拥有的东西——无论是生活、家庭，还是人际关系中的，但是他们几乎完全忽略了自己已经拥有的东西。

关注你所缺少的东西，是什么意思呢？如果你仅仅，或者只是主要留意自己未曾拥有的事物，将对你的精神状态、满意度或者幸福感有何影响呢？主要留意自己所拥有的事物，对你又有何种影响呢？你会感到更加富足与满意吗？当我们感觉自己正过着富足的生活时，我们更有可能慷慨待人。这就形成了一种良性循环：感恩产生富足感，富足感带来慷慨，慷慨导致与他人建立紧密的联系，从而让我们做出更多感恩的事情。

尽管这并非一种正念练习，但是拥有"感恩的态度"作为一种技能，我们可以通过撰写感恩日记进行培养，对撰写感恩日记的投入，能带来非常健康的回报。

■ ■ ■

当我们唤起上述态度时，正念练习让我们能够直面生活抛给我们的任何事物，让我们能够全然投入于所有的体验。用一个词来表示，就是平等心。这是一种能力，无论我们身处何种状况，仍能保持平衡与稳定。平等心使我们即使重压在身，也依然能够做出明智的决定。我们的头脑是平衡的，因此我们的反应也是平衡的。这让我们能够保持一种更为开阔的视角——无论我们刚刚中了彩票，还是错过了升职加薪的机会。这是对那句名言的终极体现——"这也会过去"。

从行动模式切换到无为模式

在描述不争的态度时，我简要地提到了头脑的行动模式这一概念；这里仍然需要对这种接触世界的方式进行更多的说明。头脑的行动模式运用批判性思维解决问题，并且试图缩小事物现在的样子和我们所期望的样子之间的差距。通过注意到并强调这一差距，随后进行评价、分析、计算和询问如何解决问题（缩小差距），头脑的行动模式自动执行这项工作。

看起来有点奇怪，一本声称能够解锁卓越表现、领导力和幸福感的著作，却在讨论从行动模式转变为无为模式或存在模式。你是凭借着做完事情和解决问题，才到达现在的职业生涯与生活地位的！你为何现在要停下来？这无关乎停止，只关乎平衡。

头脑的行动模式把思维的大脑、讲故事的大脑、奋斗的大脑等融为一体，在我们每个清醒的时刻，我们都会自动采取这种模式。它让我们能够解决世界上那些具有挑战性的问题，发明新颖的创新产品，并且把我们带入当前这个技术发达的时代。它能让我们计划自己的一天，计算自己的税款，设定与达成目标，为自己或客户解决难题。然而，它也是导致我们每个人承受巨大痛苦的原因。

头脑的行动模式会自动注意到并强调，我们产生的期望与当前认为的现实之间有何差距，它对待一切事物都是如此，无论这样做是否有意义。强调差距，就好像只看到你没有什么，而不是你拥有什么。想象一下，你正坐在某度假胜地一片迷人的海滩上，你感到极其满足与快乐，甚至可以说相当幸福。接着，你注意到度假村的服务员走到你旁边的一群人那里，给了他们两杯免费饮料——上面写着"酒店供应"。头脑的行动模式就会自动开启，并且问道："为什么他们能得到免费饮料？我也应该得到免费饮料。他们得到了而我没有得到，这完全无法接受。"15秒钟前，一切都很棒，你感到非常满足，并且十分享受在沙滩上的美好时光，但是现在，就没有那么美好了。什么发生了改变？头脑的行动模式创造了一种期望，但是并没有立刻得到满足，同时它强调了差距，并且让你也许在这一天剩下的全部时光都陷入穷思竭虑。

此外，行动模式甚至还会去"解决"我们的困难情绪，或者任何不开心或不愉快的感受，但是它对引发这些情绪的直接原因置若罔闻。消极的情绪、消极的自我评价，或者不愉快的记忆等无法被"解决"，但是行动模式让我们的头脑开始评价、担忧、自我批评、责备、过度思考、穷思竭虑、沉湎，以及神游等（例如，反复地思考未来，事情终究会变"好"，或者沉溺于过去，事情曾经是"好"的）。因此，尽管头脑的行动模式非常有用，但是如果任由其横冲直撞，也会非常有害。

存在模式就是正念。它与浮现出来的任何体验共存于当下（注意、接纳、不评价和放下），不会因为这些体验是不愉快的就立刻想去改变，也不会因为这些体验是愉快的就抓住不放。在我们的冥想练习中，有意进入无为模式或存在模式，可以把自己和头脑的反应性思维分离开来。当我们这样做时，就是在培养一种能力，避免陷入毫无裨益的自动思维。存在模式也让我们能够注意到自己何时用（或者没有用）我所描述的9种态度来面对我们的体验，如果没有使用这9种态度，那么我们很可能依然处于行动模式之中。

常见的问题、困难和挑战

当我们开始尝试任何新的事物时——无论是学习一种新乐器、一门新语言，还是从事一份新工作，总会有挫折、问题和困惑。开始正念练习同样如此，因此这里列出了一些常见的问题、困难和挑战，它们通常在我现场进行正念训练课程的第 1 周练习中出现。

我发现很难启动练习，也找不到时间去练习。要想启动练习，可能会非常困难。不要气馁，许多刚刚开始进行正念练习的人都体验过这种挑战。此外，家庭练习也是从正念中获益的关键。只是通过书籍、线上讲座和应用程序等获取正念知识，却没有配套练习的话，几乎没啥用处。这些真知灼见都来自持续不断的正念练习。

如果本周再次发生这种情况，当你认为自己没有时间去练习时，我邀请你带着好奇心感受此时此刻涌现出来的想法与感觉。当你断定自己没有时间做其他事情时，这些想法是否也曾在你心中涌现？你参加这门课程的初衷是什么？下一次，当你又觉得自己没有时间练习时，回想一下这份初衷，看看会发生什么？你能用本章中所描述的哪种态度应对这种状况？

我的心静不下来，就像一只小狗一样，追逐任何引起它注意的事物。我不擅长正念。这也是正念冥想的新手最常见的一种体验。记住，正念最广的传说之一，就是认为正念的目标是试图阻断所有的想法。正念的目标不是阻断所有的想法，而是自由地去思考，不是自由地逃离思考。

同样重要的是，要放下期待，不要认为（或者希望）某个特定的正念练习课程"应该"如何进行。只是去关注在那一刻什么是真实的。在那一刻，你的思绪已经跑了。这没有关系，当你注意到自己迷失在想法之中时，就重新开始，将注意力拉回到呼吸或身体（或者冥想引导语要求你注意的任何东西）上。哪怕你 500 次、5000 次乃至 50 000 次陷入想法之中，都没有关系，重新开始就好了。

当我进行身体扫描冥想时，腰疼变得更加明显了。我做这个练习是为了减轻自己的疼痛，而不是加剧疼痛。当我们坐下来冥想并将注意力专注于内心时，就开始更清晰地"看到"我们的内心体验。正念让我们更加深入地观察我们的内心体验，无论是现在的疼痛，还是其他体验，都是如此。这种疼痛还在那里吗？它是静止不变的还是可以改变的？伴随疼痛而来的是什么？想法还是评价？

我们花费了很多时间，试图赶走不愉快的经历，如疼痛。这是一种自动反应，但是并非总有用处。当你在正念练习过程中感到疼痛或瘙痒时，我邀请你坐着与它共同度过几次呼吸的时间，而不是自动地扭动身体或挠痒。如果几次呼吸之后，这种感觉依然非常强烈，你不得不动一下，就有意且正念地动一下。我们这样做的目的，是练习与不舒服的感受待在一起，把它变成自愿的事情（在冥想练习中），这样当不舒服的感受在非自愿的情况下出现时（悲剧、挫折及失败），我们就能更好地处理它。这就是心理韧性的本质。

我发现自己进行冥想时几乎每次都会睡着！好吧，根据美国疾病控制与预防中心的数据，超过 35% 的美国成年人睡眠不足，所以也许你只是累了。我发现，对于我的许多受众来说，当我在主题演讲和课堂上要求他们进行 3 分钟冥想时，常常是他们几周以来第一次从"马不停蹄"的模式中停下来。这似乎是西方文化的常态，所以，当我们短暂地离开仓鼠滚轮时，我们就睡着了。如果可以的话，我的第一个建议就是多睡觉。如果不可以的话，你还可以尝试使用其他方法帮助自己完成冥想过程。与疼痛类似，试试看你是否能坐着和睡意共处一会儿。留意睡意的出现，带着好奇去探索一段时间，然后，如果你发现自己还是要打瞌睡，可以微微睁开眼睛，让光亮进来。你也可以试着在起床和洗澡后，将冥想纳入你早晨的日常活动中。如果你正躺着，可以试着坐起来甚至站起来进行冥想。坐姿也很重要。如果你坐着，一定要比平时坐得更挺拔一点，后背离开椅子，想一想，"放松，但是清醒"。

要点、练习和提示

要点

◆ 态度很重要。尝试着将下列态度带入你的正念练习与生活中：不评价、耐心、初心、信任、不争、接纳、放下与顺其自然、感恩与慷慨。

◆ 平等心是一种无论我们发现自己身处何种状况，仍能保持平衡与稳定的能力。在冥想过程中，我们通过练习放下什么或希望什么，靠近某些体验或推开某些体验，让我们可以在自己的生活中展现平等心。

◆ 当你发现行动模式正努力解决一个原本就不能解决的问题时，如一种困难情绪，有意地激活存在模式。

正式练习

下列内容与第 1 周相同：

◆ 呼吸觉察冥想——每日两次，每次至少 10~15 分钟。（参见第 6 章）

◆ 身体扫描冥想——连续练习 7 日，每日一次。（参见第 9 章）

非正式练习

◆ 正念刷牙——每日。

◆ 抓住并释放——每日，抓住并释放一个毫无裨益的内在信念、评价或想法。

◆ S.T.O.P. 练习——按需进行。

◆ 感恩日记——睡觉前，写下 1~3 件当天让你心存感激的事情。既可以是大事（获得晋升），也可以是小事（喝了一杯凉水）。

提示

◆ 你也许开始留意到，自己的身体内存在某种以前从未觉察到的感觉。

◆ 你也许开始意识到，自己正把与本章中提到的 9 种态度相反的态度融入自己的某些生活情境，如评价、不耐烦、早知如此、不信任、挣扎、否认、一味攫取等。或者，你也许会惊讶地发现，你正把某种态度应用于一个或多个情境，之前你在遭遇类似情境时，也许会做出完全不同的自动反应。

第3周：是你占有故事，还是故事占有你

11

每个人都是故事大王。孩子们在学会写字之前，就已经学会了说话，与此类似，早在苏美尔人于泥板上书写楔形文字之前，人类就已经开始讲故事了。如果说话先于写字，那么什么又先于说话呢？是思考，或者是我们脑海中涌现的故事。我们已经给自己讲了很长一段时间的故事了，而且很擅长这一点——事实上，我们如此擅长，以至于完全意识不到自己何时正在讲故事，也意识不到讲故事对我们有何影响。本周，我们将探讨，我们的故事与想法在塑造我们的现实中，具有哪些力量。在我们进行深入学习之前，先听听爱丽丝的故事吧，她是一位高级经理人，正在成为四大会计师事务所的合伙人。

爱丽丝已经在公司工作了12年，她"知道"自己今年将成为合伙人。在过去两年里，她的年营业额为400万~600万美元，未来四年，她的销售渠道将持续拓宽，因此支撑她获得晋升的销售业绩十分确凿。她与同事、支持她成为合伙人候选人的业务部门、所在业务部的行政领导之间，都关系良好。然而上周，在向一位非常重要的客户推销产品时，爱丽丝却捅了个娄子。在演讲开始后不久，她叫错了该重要客户（首席执行官）的名字。但是爱丽丝对此一无所知，她继续演讲。当演讲结束时，首席执行官说道："这些听起来很棒，但是还有几处我们需要进行讨论，我们会反馈给

你的。顺便说一下，我叫雷吉，不叫卡尔。"爱丽丝感到十分羞愧，再三向对方道歉，然后像泄了气的皮球一样，离开了会议室。

当她开完会返回办公室，准备向团队汇报演讲情况时，她一直在想："我简直是个白痴。我的老板见证了这个错误，当雷吉提到这一点时，她满脸的失望。如果我明天还能保住工作，就算走大运了。"

当她回到办公室走近汇报的会议室时，爱丽丝听到两个人正在悄声说话。他们在她走进房间时立即闭上了嘴巴。这俩人是她的老板——萨拉和主管客户工作的合伙人——比尔，他们也都参加了刚才那场推销会议。爱丽丝立刻想道："哦，好极了，他们已经在议论我是怎么把事情搞砸的了。"她说道："嗨，对刚才发生的事情，我真的很抱歉。"萨拉和比尔都快速地回答道："这是一次失误，好在并不是致命性的，"并且补充道："你依旧做出了一次卓有成效的推销。"爱丽丝点点头，回答道："好吧。"但是她立刻想道："哦，好极了，有关我搞砸了整场推销这件事，他们甚至都不愿意对我说实话了。我到底该怎么办？！"至于汇报会的内容，和以往大多数情况并无二致，照例是总结团队下次怎样才能做得更好。

那天晚上和接下来几周，爱丽丝失眠了。她反复琢磨自己把事情搞得多么糟糕，以及她是如何早就知道自己不会成为合伙人的。爱丽丝想到："我真不敢相信萨拉竟然会这么小气，竟然会因为这样一个小失误就不让我做合伙人。"这种状况开始影响到爱丽丝与同事们，包括莎拉在内，在会议中的互动模式。她开始对他们变得很冷淡，并且揪住他们犯的小错误不放，同时也开始减少与整个业务部门同事们的合作。又有两次，当爱丽丝走进会议室时，萨拉和比尔一看到她就闭上了嘴巴，在她看来，这些证据进一步表明，她已经丧失了合伙人的候选资格。

爱丽丝的不合作行为在她的老板面前变得愈发明显，因此老板就爱丽丝在上个月的表现，安排了一次一对一的面谈。爱丽丝刚收到会议通知，就不禁想到："就这样了，她要解雇我了，因为什么？就因为在客户那里犯的一个小错误？！好啊，我可不会让他们按照他们的条件来辞退我，我要先主动辞职。"紧接着第二天，爱丽丝起草了辞呈，为跟老板摊牌做好了准备。

面谈开始后，萨拉问道："你最近情况怎么样？我注意到你的行为最近发生了一些变化，并且已经影响到了你的工作表现、我们的关系，以及你和整个团队的关系。"老板继续说道："你之前在这里一直做得很好，但是就在过去 3 周，我看到了你的另一面，之前我从未见到过，而且坦率地讲，这让我犹豫是否支持你晋升。到底发生了什么？"

爱丽丝答道："好吧，自从我犯了错误，叫错首席执行官的名字之后，我就能看出来你非常失望，并且几乎立刻做出了决定，不让我成为合伙人。这真的让我很难过，我为这家公司付出了这么多，而那仅仅是一个小失误。另外，我能看得出来，你和比尔已经串通一气，不然为什么每次我走进房间，你们都会立刻闭上嘴巴？所以，如果我付出那么多的努力，却因为犯下一个小失误就付之东流，那么我为何还要继续努力呢？"

萨拉果断地回答道："爱丽丝，我们刚刚结束了年度财报，比尔和我是在定期讨论员工的晋升和加薪，这些都是非常敏感的话题。无论是谁走进房间，我们都会停止谈论这些事情。在和那位首席执行官会面之后，比尔和我都告诉你了，虽然很不幸，你出现了小失误，但是你仍然做出了一次卓有成效的推销。那次小失误从来没有影响过你的晋升，但是现在，包括我、比尔和整个团队在内，都注意到你行为的突然变化，这一点却影响到了你的晋升。"

爱丽丝惊呆了，她说道："对不起。真的对不起。我只是以为……"

■　■　■

重读这则故事让我坐立不安。我为爱丽丝感到一阵悲哀。她痛苦了一个月，并且有可能错过了一次晋升机会，只因为她被困在了一个故事中，而这个故事与现实毫无关联。我需要澄清一点：这个故事同样适用于男性。爱丽丝也可以是威廉，他也会陷入同样的境地。这是如何发生的？原因就在于，我们的头脑是故事大王，就像我们在一部好电影中会迷失自我一样，我们也会迷失在自己所编造的故事中，完全意识不到它是虚构的，或者只是因为它"基于真实故事改编"。

"基于真实故事改编"这一说法用在此处十分贴切，因为电影制片人承认，某些事情确实发生了，但是他为了达到戏剧性效果，改编了事实和环境。以同样的方式，当一次人际互动或一个事件在这个世界上发生时，你就开始为其赋予意义，添加重要性，解释并讲述故事，该故事虽然以事实为"基础"，但是已经不是事实了。这就是为什么，你和我目睹了同样的事件，但是对所发生的事情有截然不同的故事。不幸的是，我们并没有用"基于真实故事改编"的免责声明来提醒自己：我们内心的想法和故事不是事实。因此，我们都坚定不移地认为，自己那个版本的故事才是绝对的真理或事实。

此处的加工过程可以用图 11–1 中描述的情境 – 解释 – 反应模型来解释。情境是指发生的实际事件。解释是指由心中自动出现的、无意识发生的意义建构，以想法、假设、对他人行为意图的解读、"读心术"、讲故事和做评价等形式出现。反应则包括我们的情绪反应、我们认为自己拥有哪些选择、我们认为应该采取某种行动的冲动、我们的自动反应等。我们错误地认为自己是在对某种情境做出反应，但是实际上我们是在对自己的解释做出反应。我们看到的不是世界本身，而是自己对世界的解读。

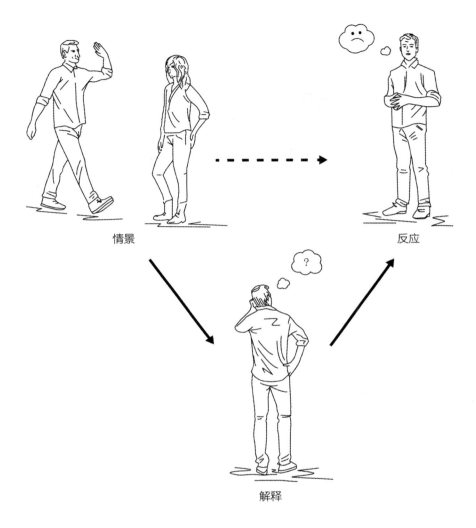

情景   反应

解释

图 11-1　情境－解释－反应模型

来源：From 99designs. com/Konstantin. Reprinted with permissions of 99designs. com.

如果你还记得第 4 章，我们曾看到该加工过程在如下情境中发挥作用：某人从你身边经过，却对你的问候视而不见。我们的自动解释过程就此上线。在我们的生命中，我们会不停歇地对每一次人际互动、每一个事件和每一次经历做出解释。这些解释就像创造它们的个体一样独一无二，诞生于我们的生活经历、年龄、性别、家族史和社会规范之中。甚至我们的情绪（无论我们是否饥饿，或者我们的身体有何感觉）也会影响我们如何对情境做出解释。我们如何解释所有的一切，最大的影响因素来自我们的信念。

我们的信念如同一面透镜，我们通过这面透镜审视这个世界，而我们的经历塑造了这面透镜。它们既塑造于我们作为儿童、青少年或成年人的经历，也塑造于我们所处的社会与家庭，还塑造于异性成员、失败、成功、我们的父母（他们"给予"了我们许多信念）、医生、朋友、困境、创伤——这个名单能够无限地延长。这些经历形成了我们对一切事物的信念，包括女人、男人、努力工作、运动、人际关系、性、冥想、宗教、政治，以及其他你能想象到的所有主题。

通常，我们的信念都没有经过检验，都是未知的，但是它们以积极或消极的方式，对我们的生活产生巨大的影响。例如，"每个人为了成功都得撒谎""这个体系被操纵了"，诸如此类的信念。这些信念意味着什么呢？拥有这些信念的人，可能会如何告诉自己别人的成功故事呢？他们会把别人的成功归因于持续不懈的努力工作吗？不太可能。对于有这些信念的人来说，他们想成功的时候，会采取何种行动策略呢？他们也许会这样想："我怎么才能也欺骗这个体系呢？其他人也在这么做吗？"他们的内心会认为，为达目的不择手段完全合情合理，无论手段是否合乎道德。

以下是一些自我限制的信念或毫无裨益的想法，这些可能会成为你讲给自己的故事，并且促使你在面对某些情境时，感到紧张、压力、焦虑、失望或愤怒。

◆ 如果我犯了一个错误，就是个失败者。
◆ 凡是头脑正常的人都不会爱我。

- 我永远不能在一群人面前演讲。
- 任何事都不是我的错。
- 每个人都是竞争对手。
- 如果人们不相信我所相信的，他们就是坏人。
- 最终，每个人都会离开我。
- 我找不到归属。
- 我不擅长理财。
- 我永远也学不会这个。
- 我总是要解决一些问题。
- 如果我想做好某件事，就必须亲力亲为。
- 如果我不做，就没人去做。

此处的重点，不在于把我们的想法、信念或故事等变得"更好"，而在于需要认识到我们的想法、信念和故事等并非事实。它们可能是真的，也可能部分是真的，或者完全是假的。当我们能够认识到这一点时，这些想法、信念和故事等对我们的影响就会变弱，我们需要学会，没必要对它们采取行动，我们也开始注意到，正是我们讲述给自己的故事，创造了我们对生活的体验，也就是我们自己的"现实"。你对自己所讲的（并深信不疑）故事的主题、走向和基调，正是你体验到的主题、走向和基调。

对声音、想法和情绪的正念冥想

在第一部分中，我描述了两种类型的正念练习：注意专注冥想和开放觉察冥想。现在，我们开始不仅把呼吸与身体作为冥想对象，还要在冥想时把更多的对象纳入觉察中来。我们从专注于一个冥想对象（呼吸），过渡到觉察更多的对象，看它们如何进入、退出我们的觉察范围。

在进行开放觉察冥想时，我们把周围环境中的声音作为冥想的对象，就是其中的一个例子。在这种类型的冥想中，你只需留意任何声音的出现与消失，它们恰好引起了你的注意和觉察。例如，你也许会听到笔记本电脑风扇的嗡嗡声，然后注意到窗外交通的喧嚣声，接着是割草机的声音，等等。你不应该只关注某种特定的声音，相反，去捕捉你听到的任何声音，留意到声音本身，也留意到声音之间的间歇。你也可以把想法和情感作为觉察的对象，最终，你就能够坐着并留意到你觉察到的任何事物的出现和消失。"对声音、想法和情绪的正念冥想"就是这样一种开放觉察冥想。

你可以先阅读下面的冥想文本，然后在没有任何指导的情况下进行练习。

对声音、想法和情绪的正念冥想

"对声音、想法和情绪的正念冥想"是一种开放觉察冥想。我们将扩展自己的觉察范围，不仅关注呼吸，还允许扩展领域，去关注声音、想法和情绪。这能帮我们看到声音、想法和情绪之间的相似之处。无论我们是否愿意，它们都会自行出现。它们会吸引我们的注意力，并让我们沉迷于其中。我们也会开始意识到，只是把他们当作进入和离开我们觉察的事件，从而逐渐减少对它们的习惯性反应，是完全有可能的。让我们开始吧。

◆ 坐在椅子或其他任何能支撑身体的东西上，将双脚平放于地面。如果这能让你感到舒适，就闭上双眼或让目光柔和下来，并且让目光转向地面。首先，留意呼吸中让你能显著感受到的感觉，就像你在呼吸觉察冥想中所做的那样。

◆ 放下任何试图控制呼吸的冲动，只是让身体自己去呼吸即可。

◆ 稳定地做好，现在让觉察扩展并覆盖整个身体。在觉察时留意到整个身体，其中也包括呼吸的感觉，但是不只专注于呼吸。全然地去觉察当下所有的体验。

◆ 现在，让声音成为你主要的觉察对象。当然，你仍有可能觉察到其他事物，但是尤其要留意声音。留意你身后、身前、身旁、上方或下方的声音。

◆ 抓住任何听到任何声音之后就立刻为其命名的自动化倾向。例如，这是风扇声、车门声、音乐声、割草机的声音，或者孩子玩耍的声音。留意任何自动产生的某些评价、故事或其他反应。例如，赞美或消除这些声音现在就在这里这一事实。如果发生这种情况，就把注意力拉回声音本身，并且尝试让声音顺其自然地存在。

◆ 当专注于自己的呼吸时，我们有时候会注意到每次呼吸之间小的停顿，此时我们既没有吸气也没有呼气。也许，你也可以开始觉察各个声音之间的停顿。

◆ 现在，从专注于声音，变得开始更广泛地觉察脑海中出现的所有想法，这些想法也许是关于锻炼、无趣的，也许是关于你的待办事项清单的，也许是关于担忧或挫折的。尝试着见证想法出现在你的觉察中，萦绕片刻，然后消失。

◆ 不要尝试着让想法出现，只是注意它即可，就像声音一样，想法也会自己在脑海中来来去去。

◆ 当想法在脑海中出现时，把它们看作掠过晴空的浮云。你的头脑就像天空；你的想法就像浮云，时大时小、时暗时明，但是天空始终如一。天空并不会偏爱某些云彩。

- 无论有何种想法，都试着把它看成心理事件，在脑海中产生、萦绕，然后消失。

- 一段时间后，你也许会发现，你正沉迷于自己的想法，不再观察想法，而是陷入其中。发生这种情况并不意味着是一个错误。只要认识到自己陷入何种想法，然后重新开始即可。留意这些心理事件出现、萦绕，然后消失。

- 同时也要觉察可能出现的任何情绪。注意觉察范围中情绪的产生和消失。

- 无论何时，当大脑被想法、故事或情绪所吸引时，将注意力拉回到呼吸上，以此稳定对当下的觉察，然后重新开始，并且专注于想法和情绪的来来去去。

- 在练习的最后几分钟，把注意力拉回到呼吸的感觉上。

- 记住，在任何情况下都可以把注意力拉回到呼吸上，这可以帮助你回到当下并进入一种正念觉察的状态。

- 如果你闭上了双眼，我邀请你睁开眼睛。将注意力带回到你所处的房间。在你进入这一天的下一步工作之前，拿出一点时间来确定将要做什么。

做这类开放觉察冥想，可以培养一种能力，即不被头脑所创造的故事带走，并对头脑的本质、习惯以及思维模式等产生许多醒悟。通过这种冥想我们可以看到，我们对头脑中浮现的想法与情绪的控制能力，几乎和我们对声音的控制能力一样。当你还在"此处"时，可以"坐下"，留意各种想法的出现与消失，这是一个信号，表明并非自己的想法，也不必被这些想法所控制。通过不断的练习，我们能够只是留意自己的想法与情绪，而不被卷入其中，换句话说，是远观它们。这给我们带来一种自由，解锁我们对生活做出理性回应的天然能力，而不是基于对现实扭曲的认识做出自动反应。

常见的问题、困难和挑战

我发现，当进行基础的呼吸觉察冥想时，我并没有放松下来。如果起不到休息作用，好像就是在浪费时间。记住，正念冥想的目的不是变得放松——尽管这是在我们练习之后经常出现的很好的"副产品"。这些正式的正念冥想并不是为了让我们放松而设计的休息时间，而是提高我们正念基线水平的心理锻炼。有时，锻炼会让我们感到精力充沛、精神焕发。有时，锻炼也会让我们感到不适和挑战（例如，当我做深蹲的时候）。在这两种情况下，锻炼都有利于我们的健康水平。正念冥想也是如此。有些课程可能会让人感到"轻松愉快"，而另一些课程会让人感到"步履维艰"，但是这两者都是有益的。我们进行正念的目的，是能够全然地面对生活中的所有时刻，而不要陷入自动的想法和评价之中。这让我们免于陷入反复的穷思竭虑和毫无帮助的、令人泄气的故事。然后，当我们休息时，就踏踏实实地去休息，而不是反复琢磨或批评自己，考虑待办事项上还有哪些工作、我们"应该"去做什么更有成效的事情，或者还不如一开始就去休息等。

我总是在冥想过程中不断地迷失在想法里。我已经做这种练习两周了，难道不应该做得更好吗？要注意，即使是在冥想过程中，我们也会陷入行动模式，即试图达到某种特定的"水平"或成为"最好的"冥想者。每当你注意到自己正迷失在这些想法里，你可以确认一下，自己正被什么想法所困扰，然后回到冥想练习，按照既定的计划继续练习。试着让你的体验自然地存在，努力把我们之前讨论过的态度（不评价、耐心、初心、信任、不争、接纳、放下与顺其自然、感恩与慷慨）带到你的练习与生活当中，让它们帮助你做到这一点。

你说各种想法不是事实，我们应该避免陷入各种想法之中。可是我应该如何完成工作任务、分析各种状况并做出好的决定呢？别人雇用我，就是让我对各种状况做出解释并提出我的意见。首先，我想说，正念并非思考的敌人；不知道自己正在思考，正念是这种思考的敌人。这里面区别很大。当我们迷失在想法中时，我们是在体验并对想法（而非现实）做出反应。有意地去思考、计划和分析是可以的；这些都是成为社会有用之人的关键因素。即便如此，如果我们没有觉察到自己所拥有的删除、扭曲和概括现实的过滤器（即信念），也可能会与真知灼见失之交臂。不知道自己正受困于毫无裨益的或自我设限的想法中，会持续破坏人际关系，让你保持卑微并错失眼前的机会。缺乏对这些想法的觉察，会让你无法做出选择。一旦先前的某种意识不到的思维模式或信念模式进入我们有意识的觉察，我们就能做出选择。因为，一旦你开始觉察到某件事情，就可以对它做什么，或者不做什么。或许你可以问问自己："这种思维模式或信念对我有用吗？"例如，如果在练习过程中，你发现自己有以下的一些信念，而它们对你又确实有用，就要想方设法地保留它们：

- ◆ 如果有机会的话，我也做得到。
- ◆ 我能处理好生活抛给我的任何事情。
- ◆ 我能控制自己的行为，但控制不了结果。
- ◆ 我值得被爱，就是自己现在的样子。
- ◆ 我的决定比我的处境更重要。
- ◆ 没有什么是永恒的。
- ◆ 吃一堑，长一智。
- ◆ 珍惜每一天，每天都是从头开始的机会。

- 过去的事情已经过去了，它并不能定义我。
- 遗憾的痛苦比失败的痛苦更糟糕。

要点、练习和提示

要点

- 我们的想法、信念和故事都不是事实或现实。它们可能是真的，也可能部分是真的，也可能完全是假的。
- 每个人对情境的解释都不尽相同。每个人的故事都是"基于真实故事改编"的，但是没有人拥有"真正的故事"。记住，你是对自己对情境的解释做出反应，而不是对情境本身。
- 你能够观察自己的想法这一事实，让你有能力选择是否要采取行动。

正式练习

- 呼吸觉察冥想——每日两次，每次至少 10~15 分钟。（参见第 6 章）
- 声音、想法和情绪冥想——连续练习 7 日，每日一次。（参见本章）

非正式练习

- 正念喝茶 / 喝咖啡——每日。
- 抓住并释放——每日，抓住并释放一个无益的内心信念、评价或想法。
- S.T.O.P. 练习——按需进行。

◆ 感恩日记——睡觉前，写下 1~3 件当天让你心存感激的事情，既可以是大事，也可以是小事。

提示

◆ 你也许开始发现，自己正沉迷于毫无裨益的想法、信念或解释之中。

◆ 你也许开始意识到，在某些情境下，你会自然而然地相信内心的故事，但是随后会停下来扪心自问："这是真的吗？我正透过哪些透镜看这些事情？现在到底发生了什么？"

◆ 你也许开始注意到，想法和情绪就像声音一样，会自发地出现，然后逐步消失。你也许会觉察到，自己可以用同样的方式"看待"想法和情绪，仅仅是留意它们，而不被卷入其中。

12

亚伯拉罕·林肯曾经说过，"如果我有 8 个小时去砍倒一棵树，那么我会花 6 个小时去磨斧头"（磨刀不误砍柴工）。我们能看到这句话中提到的小时数有所不同，就会发现其观点字字珠玑：即使准备和维护工具没有任务本身更重要，至少也和任务一样重要。我们已经用前面三周时间，为后面两周以及未来做好了铺垫。对我们来说，"磨斧头"就是磨炼我们的注意力，提高我们对身体感觉的觉察能力，并且将想法和情绪视为心理事件。让这些心理工具保持"锋利"是一个持续不断的过程。迄今为止，你所学到的练习都是基础的正念练习，并且定期复习也非常重要。

现在，我们将运用更加聚焦的注意力、更加清晰的感官和更强的洞察力，来探索我们如何处理日常生活中所遭遇的挑战与困难。让我们先来听一听某个周六早上的对话吧，米奇和塔米卡正在喝咖啡，米奇即将在公司举办的年度培训周会议上发表演讲。

"我有没有告诉你，我的老板让我在公司的大型年度培训周会议上，展示我们新的营销策略？"米奇大声问道。

"没有啊！恭喜你！多好的机会啊！"

"是啊，是一个在 300 多人面前让自己尴尬的好机会，还有董事会。"

米奇用几乎听不清的声音低声说道。

"什么？少来了，到时候你肯定会表现得很棒的。你那么精通业务。"

"我知道自己精通业务。我每天都在练习，并且真的希望能表现完美，但是一想到要上台我就反胃。我一直难以入睡，我很担心，如果我搞砸了会发生什么——我很有可能会把它搞砸。"

"你不是刚告诉我说，两周前你在公布预算数据时做得很出色吗？你甚至说，'老板说我讲得既清晰又高效'。"

"那只是给 6 个人进行展示，而且就展示一下预算数字罢了。这次截然不同。这次我得上台讲话。我也许会磕磕绊绊地走上去，然后所有人都会嘲笑我，甚至更糟，他们会可怜我。如果幻灯片无法加载，那么我只能在没有幻灯片的情况下展示营销策略，我要是说错了，可怎么办？人们会觉得我不称职。我受不了这个。哪怕现在，我的心也在怦怦跳，手心里全是汗，胃里也在上下翻滚。"

"好吧，这么看确实是件大事，但是你可以对着我练习啊。我很乐意当你的小白鼠。距离你的百老汇首演还有多长时间？"塔米卡夸张地张开双臂问道，试图这样活跃气氛。

"还有两个月。"

■ ■ ■

尽管我们人类如此复杂，但是对于生活，我们也有一些非常基本的反应。我们倾向于一生都在反复摇摆——或者寻求、执着于快乐，或者避免、摆脱痛苦。当然，这很重要。我们非常渴望快乐的体验并厌恶不快乐的体验；我们向往成功而非失败，想要获得而非失去，想要赞扬而非批评。然而，正如滚石乐队于 1969 年在歌词中唱的那样："你不可能总是如愿以偿。"

在理性上，虽然我们都知道自己不能总是如愿以偿，但是仍然倾向于强烈地追求快乐的一面，当事情朝着不好的方向发展时，我们就会承受更多的痛苦。当我们错误地认为，我们的快乐和幸福依赖于某些事物，是它们让我们获得或维持渴望的快乐，当得不到或失去这些事物时，就会带来巨大的痛苦。

这也造成了一种感觉，渴望或希望某件事情以某种特定的方式发生，恐惧或不希望发生的事情偏偏会发生。这些希望和恐惧会支配我们的想法，并给我们带来压力与焦虑——即使一切顺利，依然如此。这就是在本章开始的故事中，发生在米奇身上的事情。我们知道，在周六，他和一个朋友正在喝咖啡，却被两个月后的压力和焦虑所占据！我们甚至知道，这已经影响到他的睡眠。正念的目的是活在当下，放下某种倾向：抓住令人快乐的东西不放，或者推开令人不快乐的东西。

你能体验到米奇的故事中的压力吗？米奇担心的事情尚未发生，或者永远不会按照他想象的那样发生。当我们也跟米奇那样时，不仅会错过当下可能存在的快乐体验，还会对一个可能永远不会发生的境遇感受到实实在在的压力。即使这种产生压力的状况一定会发生，那么不止一次地感受这种"痛苦"或压力的价值何在？在事情发生之前和之后，我们多次体验到压力，这种失衡的状态正是慢性压力在社会中如此流行的原因之一。慢性压力是美国六大致死原因（癌症、冠心病、意外伤害、呼吸系统疾病、肝硬化和自杀）的一个主要影响因素。

压力与压力应对

什么是压力？压力总是不好的吗？在医学期刊和书籍中，有很多关于压力的技术性定义，但是通常都认为，压力是身体对威胁、需求或压迫（无论它们是真实存在的，还是被感知到的）的反应方式。压力并不总是坏事。事实上，它可能会很有用。压力水平适当时——这个水平因人而异，可以帮助我们达到最佳表现。然而，一次性过大的压力，或者持续很长时间的中高水平的压力，即"慢性压力"，会对我们的身心造成严重伤害。下面会进行解释。

当面对威胁时，我们会激活压力反应（也称为"战斗或逃跑"反应），此时，下丘脑会发出警讯，并释放包括皮质醇和肾上腺素在内的激素。这会通过造成一系列其他影响（例如，增加血液中的糖分，关闭"非必要"系统，提高心率、血压和呼吸频率等）来提高我们的能量和力量。瞳孔会放大，随着支气管和肺部其他气道扩张，吸氧量会进一步增加，这会让我们进入高度专注状态。根据威胁的类型以及我们对其进行的自动评估，我们要么战斗，要么逃跑。所有这些设置都是为了提高我们的生存机会，而这一直以来对我们来说都很有效，否则我们现在根本就不会在这里了解它了。现在，了解了上述内容之后，让我们把注意力拉回来，看一下该机制现在对我们造成了何种影响。

生活中哪些事情会造成压力？我在自己所有的课程中都问过这个问题，得到的答案五花八门：截止日期、工作负担、让人难以忍受的老板、工作面试、第一天上班、工作中"必要的"切换、工作的最后一天、下岗、退休、婚礼计划、婚礼、我的丈夫、我的妻子、我的孩子、我的婚姻、分居、离异、财务、交通、争执、假日、新闻、社交媒体、抵制文化、纳税季、与异性交谈、与他人交谈、政治、与民主党人交谈、与共和党人交谈、买房子、卖房子、改变、不得不听的正念，这个名单不胜枚举。注意，有些压力源是"好的"，如工作面试或第一天上班，有些则是"坏的"，如失业。还有，这个名单上缺了什么呢？剑齿虎！为什么？好吧，其中一个原因是它们已经灭绝了，但是蛇、熊，以及还没有灭绝的老虎也不在这个名单上，这是因为，作为一个物种，我们做得很好，对于我们大多数人来说，在大多数时候，我们的生命并没有处于真正的物理危险之中。

通常会触发我们压力反应的因素，在现代文明进程中已经发生了变化，但是我们的反应系统变化很少。当触发我们压力反应的状况涉及真正的物理危险时（如一条蛇、一辆超速的汽车，或者一只老虎），压力可以让我们立刻采取有力行动，从而让我们得以生存。但是，如果压力反应源自对不危险的"威胁"（如公开演讲、批评，或者不认同我们的人）的反应，那么我们只会感到紧张、焦虑和愤怒，因为这些额外的能量，无法通过我们的身体宣泄出去。

作为人类，我们最强大的能力之一，就是在头脑中模拟现实的能力。我们可以记住过去，预测未来，并制订行动计划。这种能力把我们带到了食物链的顶端，并在数十年来一直被运动员、精英特种部队成员和情报官员用来想象并实现压力下的卓越表现。然而，在未经训练的大脑中，我们会被一个潜在压力情境的模拟或故事完全吸引，大脑和身体就会用同样的方式做出反应，就好像它发生在当下一样。肾上腺素分泌、心率增加、情绪出现等，就像米奇一样。他很像在老虎到之前两个月，就已经被"老虎"袭击了。

与人类相比，当一群羚羊面对袭来的老虎这种真实的威胁时，这个进程就完全不同了。首先，它们可能不会在老虎袭来的几周前就开始紧张地咀嚼自己的小羚羊蹄。威胁在当下出现，动物的压力反应起效，它们全体一同跑开。威胁被回避了，或者有一只羚羊被吃掉了。但是那些没有被吃掉的羚羊，其压力水平很快就会恢复到基线水平。它们很快就会回去吃草，肯定不会连续几个星期都在回想那只曾经大胆攻击它们的老虎。不幸的是，现代世界的大多数人都做不到这一点。我们将不危险的东西视作危险的威胁，然后倾向于预先体验（或者重温）它们。我们在自己的内心世界陷入消极的想法、穷思竭虑和故事，这些就像外部世界真实的危险一样，激活了我们的大脑。这种状况一次次地发生，我们的压力反应系统很难在下一个"威胁"出现时完全恢复。

我们因此拥有一个持续处于高位的压力基线，几乎持续不断地释放压力激素，从而导致慢性压力，并带来一系列影响，如高血压、炎症、免疫系统抑制、头痛、失眠、焦虑、疼痛、背痛等。这还只是压力对身体的影响。压力还会带来注意力分散、无法专注、困惑和脑雾等。最后，慢性压力还会对关系造成影响；缺乏沟通、脾气暴躁、退缩、冷漠、缺乏感情或感情表达能力，都是潜在的消极影响。

人们都在尝试着用哪些无效的方法应对压力？这也是我在自己的所有课程中都要提问的一个问题，得到的答案包括喝葡萄酒、喝啤酒、社交媒体、购物疗法、过度工作、吃东西、滥用合法药物、使用非法药物、吸烟、避免冒险、过度冒险、压抑情绪等。当采取这些方法之后，水到渠成的结果，你会罹患上瘾和抑郁，并最终出现系统性崩溃，以心脏病发作、疲惫、动力丧失和心力耗竭等形式表现出来。

你也许在想，"现代世界就是这样，高压力只不过是新常态"。好吧，你是对的。对于那些不锻炼自己头脑的人来说，这就是新常态。尽管我们无法控制发生在自己身上的一切，但是我们并非孤立无援。

还有其他选择吗？当然，你可以参加传统的压力管理课程，这些课程会为你提供很多技巧，包括更有效地利用时间、学会说"不"，或者多进行锻炼等（顺便一说，这些都是非常有用的）。但是，这些课程经常忽视的是，我们的压力大部分并非来源于外部世界，而是来源于我们的感知，以及自己的内心世界所创造的故事。还有我之前提到的那个不等式，当我们遭遇一个真正的压力时刻（无论是过去的，还是即将到来的）时，我们会一遍遍地重温或预先体验它们（压力本来应该只出现一次，然后就此结束），从而给自己造成了额外的压力。

当我们继续塑造自己的正念"肌肉"，并且了解到自己许多自动的解释、评估，以及关于过去、现在、未来状况的故事等，并不是对现实真实的描述时，我们的大脑就会意识到，在公众前演讲、被一个潜在的约会对象拒绝、在某件事情上失败、受到批评、某人与我们有分歧、犯下一个错误，以及许多其他会触发我们压力反应的预期或情境等，其实并不会危及生命。随后，我们就能走出自己制造压力造成的恶性循环。能够区分非自己制造的压力和自己制造的压力，是一种"超能力"。压力是生活的一部分，这毫无疑问。幸运的是，当你减少自己制造的压力的数量后，就会有更多的资源和智慧来应对生活中无法避免的压力——这些压力因为人类的天性，会影响到所有人。

幸运的是，练习正念能够帮我们缓解这两种类型的压力；它可以帮助我们减少自己制造的压力，并帮助我们更有效地应对无法避免的压力。让我们能够在压力情境下停顿片刻，抓住我们的自动反应并释放它们，如此我们就能做出更深思熟虑的回应，并从整体上降低压力水平。当我们看到事情顺利开展，并且面对挑战的自信心有所提高时，压力水平降低得尤其明显。随着信心提高，我们甚至不会再认为某些情境是有压力的，因为我们已经确信自己能够应付它们。

常见的问题、困难和挑战

对我来说，练习开放觉察冥想比练习注意专注冥想要困难得多。我的思绪四处游荡。这正常吗？有些人报告说，被动地觉察声音、想法和情绪，比进行注意专注冥想或身体扫描冥想要困难得多。身体扫描冥想是第一次从单一冥想对象转变到多个冥想对象，并且同时要把注意力"锚定"在特定的身体区域。尽管头脑获得了更多的"自由"，但是我们仍然保持在一个特定的轨道上。在开放觉察冥想中，头脑不需要采取任何"行动"，但是有时会导致焦虑，并产生喋喋不休、评价，以及其他让人分心的事物，从而对我们造成干扰。这是练习过程中非常正常的一部分，练习指导语总是让你回到练习的意图上来。留意你对头脑中的要求做何反应，以及如何面对它们。你会不带评价、耐心地面对头脑中的要求吗？

我已经冥想了很长一段时间，但是生活环境并没有改变。让我澄清一下，我确实感觉好多了，压力也更小了，但是生活环境并没有改变：我的老板依然专横，工作挑战依然存在。问题在于，我是否接纳了这些糟糕的状况呢？

这就是我所说的"头脑的质量决定了生活的质量"。正念不是让你拥有崭新的、截然不同的体验，而是让你以一种全新的方式"看待"体验，并据此做出回应。这就是感知的力量，也是停止对生活做出自动反应，不再加剧情境挑战性的力量。有时我们能改变自己的外部环境（例如，更换工作），有时我们不能改变它们（例如，我们摔倒了，并且摔断了腿），但是我们总是能根据自己的自动反应或理性回应，来观察自己对情境施加了何种影响。配偶之间在争吵时，也会发生类似的情况。你会发现自从开始正念练习之后，面对的是同样的配偶、同样的分歧，但是你们之间争论的次数越来越少，争论的程度越来越缓和。仔细观察你和配偶之间正在发生的事情，你就会发现，情况之所以得到改善，并不是因为你正在做什么新的事情，而是因为你不再做某些做过的事情。也许，是因为放下了某种自动反应模式，从而避免将意见分歧升级为人身攻击。

你是说所有的压力都在我们的头脑里吗？不，不是所有的压力。我是说，很多压力都不是必要的，它们通常是由故事或头脑中的误解所引发的，我们试图预测和抵制即将到来的可能的压力事件，或者重温过去的压力事件。不要再相信这些故事了，如此，那些非必要的压力就无法存活下去。因为某些情况，我们确实会承受压力，如发表演讲。然而，我们真的没有必要提前两个月时间一遍遍地预测演讲中可能出现的问题，或者重温四个月前某次不完美的演讲。

要点、练习和提示

要点

◆ 渴望快乐的体验，排斥不快乐的体验，这完全正常，但是如果我们强烈地执着于获得渴望的，或者回避不想得到的，我们的希望与恐惧就会开始主导我们的思想，从而制造压力、焦虑、抑郁——即使一切都很好，也会如此。把你的想法带入当下，放下两种倾向：抓住快乐的东西不放，以及排斥不快乐的东西。

◆ 压力是我们的生活自然而然的组成部分，它其实能够提高我们的绩效，但是我们有很多自己制造的压力，通过觉察我们正在对自己的头脑做些什么，我们可以摆脱这些压力。当你重温或提前体验某个压力性事件时，抓住它，并开始走出这个循环，让压力状况只出现一次，并就此打住。

正式练习

◆ 呼吸觉察冥想——每日两次，每次至少 10~15 分钟。（参见第 6 章）

◆ 声音、想法和情绪冥想——连续练习 7 日，每日一次。（参见第 11 章）

非正式练习

◆ 正念饮食——每日。

◆ 抓住并释放——每日，抓住并释放一个无益的内心信念、评价或想法。

◆ S.T.O.P. 练习——按需进行。

◆ 感恩日记——睡觉前，写下 1~3 件当天让你心存感激的事情，既可以是大事，也可以是小事。

提示

◆ 当你继续留意想法时，你也许开始意识到，其中许多想法都是重复性的，而且是自我参照的（例如，我要、让我、与我有关）。

◆ 你也许开始发现，当你在生活中直面以往反复做出同样反应的状况时，就会开始"放下"。

◆ 头脑中喋喋不休的自言自语，就像繁忙的餐厅里作为背景音的对话一样。有些语言、评论或对话会吸引你，但是数量不会太多，强度不会太大，持续时间也不会太长。

第5周：拥抱困境，而不是回避困境

13 第十三章

祝贺你，正念课程，你已经进行了一半！现在正是回顾的大好时机，你为何拿起这本书并踏上正念之旅，意图何在？回顾一下你已经走了多远？能走到这一步，你已经比大多数人走得远，比他们更加了解自己，对自己的内心更加清楚。

我们继续讨论，自己与生活中所遭遇的困难之间的关系，看看两个人在面对同样的挫折时（如失业、生病或失去客户），如何做出截然不同的反应。我们也将采取一些具体措施，深入艰难困苦，努力提高自身能力，在生活的挫折和不幸中成长，灵活应对快速变化的情境——这是现代生活中十分宝贵的技能。在深入讨论之前，我们先看看人们最近正面临的一些挫折和挑战。

当我撰写本章时，在过去的90天里，由于新冠肺炎疫情对经济的冲击，美国约有4000万人失业。不仅如此，还有数百万人感染了新冠病毒，或者有亲人正在与病魔做斗争、从疾病中康复，或者死于这种疾病。有些人既丢了工作，又和家人正在遭受这种疾病的困扰。人们在当下所面临的挑战，跟对未来的不确定性一样，两者同样影响巨大。

任何一个在新冠肺炎大流行最初6个月看过新闻的人，都耳闻目睹了新冠肺炎感染/死亡人数持续上升；有些州开放了；有些州封闭了；没有必要戴口罩；等一下，每个人都应该戴口罩；新冠肺炎只影响老年人和有基础疾病的人；事实上，它对儿童以及成年人也很危险；我们已经控制住了疫情；我们无法应对疫情；学校将在秋季开学；学校将会关闭；学校将会开学，但是只有部分学生开学……

在这种情况下，很容易看到人们如何陷入一个越来越毫无裨益的旋涡，消极的穷思竭虑不断增加，压力、恐惧、焦虑甚至抑郁被无限放大。事实上，许多人已经陷入这个旋涡，他们中的一些人将无法恢复过来。然而，与之前所有悲剧的、挑战的甚至可怕的时代一样，关于勇气与翻盘的励志故事也必然会出现。

我们不久就听到一则故事，一位女士在 2020 年 1 月辞去工作，通过商业贷款开了一家餐馆，但是在 2020 年 4 月，餐馆由于新冠肺炎疫情倒闭，搞得自己血本无归，但是她紧接着成立了最成功的线上面包店，不仅成功翻盘，而且更上一层楼。我们也会听到某些跟她一样的故事，虽然他们有着类似的遭遇、背景和技能，但是未能从挫折中恢复过来，并继续挣扎着勉强维持生计。

我们也听到一位单身父亲的故事，由于新冠肺炎疫情导致"公司重组"，他被供职的咨询公司解雇，几天之后又因为新冠肺炎疫情失去了妻子，后来他学会了编程，最终创建了一家蓬勃发展的科技公司。同样，我们会听到和他面临着同样悲剧的另外一个人的故事，这个人陷入深度抑郁，并就此沉沦了 10 年。

这些故事所强调的技能比心理弹性还要强大，心理弹性只是被宽泛地定义为面对情境挑战时，能够重新恢复到原来状态的能力。虽然这些故事强调的技能非常重要，但是这些故事的结果，凸显的是尼古拉斯·纳西姆·塔勒布所提出的"触底反弹"的概念，他认为有些东西实际上是经由冲击、波动、压力、失败、挫折等产生并成长而来。为什么那么多人都被惊人相似的灾难所冲击，但是有些人就此沉沦，而另一些人能茁壮成长？如果情境是一样的，那么区别究竟在哪里？区别在于面对这种情境时，个体采取的是自动反应还是理性回应。

我希望你现在已经能明白，正念无法阻止坏事发生在你身上，从而奇迹般地改变你的生活。但是，正念可以为你提供选择的机会，从而改变你的生活——是自动反应剥夺了你的选择权。改变你对生活的反应模式，通常会和改变你的生活一样有效。

理性回应和自动反应

你是更愿意为一个自动反应式的领导者工作——当你上周推销的客户把工作交由另一家公司时，他会滔滔不绝地长篇大论，还是更愿意为一个理性回应式的领导者工作——他会召集团队，分析下一次如何能做得更好？有两位约会对象，一位在餐厅搞乱了上菜顺序，之后做出了自动反应，另一位面对同样的情况，做出了深思熟虑的回应，你愿意跟谁约会？有两名士兵，一名面对敌人的炮火做出了盲目的反应，一名用深思熟虑的行为和严谨务实的态度迅速做出了理性回应，你更愿意跟谁去战区执行危险的情报收集任务？

直觉上，我们知道，面对具有挑战性的情境和人，做出深思熟虑的回应会有更好的结果。然而，即使是面对一些鸡毛蒜皮的事情，我们也经常陷入自动反应模式。例如，别人批评我们的工作，或者在会议上与我们意见不一致时。丈夫会厉声斥责自己的妻子，只是因为妻子询问他是否已经把洗好的衣服收了，其实他内心非常清楚，并且也痛苦地意识到，理性回应比自动反应更加明智。但是只在头脑里知道理性回应更加明智，还是在行动中真正体现智慧，两者之间有天壤之别。

让我们来看看自动反应和理性回应各自的特性。也许，凭直觉也能知道，但是我想，用更具体的术语来强调这些概念还是有所帮助的，如此，我们在生活中就可以更轻松地识别两者。

自动反应是没有经过深思熟虑，就立即自动出现。这种反应被我们过往的经历、信念、习惯、偏见所驱动，来自大脑的生存中心——边缘系统，我们在第 12 章中提到的战斗或逃跑反应就源自那里。当你感受到威胁、恐惧或挑战时，战斗或逃跑反应就会上线，如果只是对一只老虎做出了反应，那么这是一件好事，但是如果是对妻子问你洗衣服的事情做出了反应，就不好了。也就是说，自动反应并不总是"错误的"。例如，当你无意间碰到热锅时，你的手会自动缩回，这就是一种有用的自动反应。

理性回应是有意识的选择，并且通常是大脑经过深思熟虑之后才缓慢出现的。你永远不可能完全摆脱潜意识的影响，因此潜意识一直会存在，但是理性回应会考虑行为的第一阶段、第二阶段，以及被称为后果的第三阶段的含义。理性回应并不总是"正确的"或"最好的"做法，但是会考虑多种选择，会减少你不必要的痛苦，让你有更好的机会采取与价值观和目标相一致的深思熟虑的行动。

在生活中，我们能控制的太少了。我们无法决定自己将会出生在哪个时代或哪个国家。我们对自己亲生父母的身份和经济状况也都没有发言权。我们无权选择自己的保姆或小学、初中和高中老师。我们无法控制在对向车道行驶的汽车是否会突然驶入我们的车道。对生活中遭遇的任何事物做出自动反应的能力，是人类能够培养的最强大的技能之一。

维克多·弗兰克尔（Victor Frankl）——在大屠杀中幸存下来的奥地利精神病学家，在《追寻生命的意义》一书中写道："在刺激和反应之间存在一个空间。在这个空间里，存在着我们选择自身反应的力量。在我们的理性回应之中，存在着我们的成长和自由。"你会对生活做出自动反应还是理性回应呢？我们在这个空间里每天的决策，决定了我们生活的方向和质量。表13-1列出了一些困难的生活状况（刺激），以及我们的大脑可能会如何自动做出反应，来维护我们的自尊或防止我们苛责自己，或者与自动反应形成鲜明对比的是，当事人接纳现状（已经是现实了），并以一种更加深思熟虑、更加自主的方式做出理性回应。

表13-1　面对不可避免的挑战，做出深思熟虑的回应，减少不必要的痛苦

具有挑战性的生活情境	导致痛苦的自动反应	避免痛苦的理性回应
不可避免的	自动的（经过训练后是可选的）	有意的选择（经过训练）
痛苦	抵抗：这件事不应该发生在我身上	接纳（不是一定要喜欢）：这件事传递出什么样的信息？
失败	自我攻击：我是个蠢货；都是别人的错；不接纳	健康的自我观念：我学到了什么？我能得到进步
失业	都是别人的错；攻击他人或自己；不接纳	这很糟糕，但是我能恢复；这里还有机会
错过晋升	受害者心态；攻击他人或自己；不接纳	健康的自我观念：我学到了什么？我能得到进步
某人与你意见不同	攻击模式；我是对的，你是错的；不接纳	人们具有不同的观点，这没有问题
某人不喜欢你	自我攻击：我有什么问题；攻击他人；不接纳	人们喜欢跟那些符合他们交友方式的人交朋友。我不符合他们的方式，这没有问题
疾病	这不应该发生在我身上；不接纳	即使我正确饮食、锻炼并充分休息，得病也很正常
爱的人去世	为什么发生在我身上；不接纳	为什么不会发生在我身上？我生命中的人去世理所当然。对此感到悲伤也完全正常

你能看到严厉的自我攻击或维护自尊的反应性思维，包括低自信、焦虑、抑郁以及不开心等，是如何导致一系列复杂问题的吗？与之相反，你也能看到深思熟虑的理性回应如何采取更加广阔的视角，从而占据有利位置，去加工与管理挫折。同时，要注意，我并不是说我们必须喜欢挫折、失败或悲剧。不喜欢生病或父母去世是极其自然的事，但是当我们自动反应的故事让我们觉得自己被世界捉弄时，就会又增加一份痛苦。生活本身就已经充满了挑战性，不需要我们自己再去创造悲惨而无助的故事。你是自己生活的作者；拿起笔，写下一则更好的故事。此外，并非所有不适的或痛苦的事物，都对你有害。

如何把指针从自动反应拨到理性回应呢？通过持续不断的、勤勤恳恳的训练。尽管人类倾向于对恐惧、愤怒、压力或怨恨等做出自动反应，但是正是持续不断地直面困难的行为，才培养了有意识的、深思熟虑的理性回应能力。这并非意味着恐惧、压力或其他具有挑战性的情绪不复存在，只是意味着这些情绪不再驱动行为。

本周，我们的主体练习是"深入困境冥想"，旨在帮助你按照自己的节奏，直面生活中的困境，看看你是否可以坐看任何不舒服的感觉、情绪和想法的出现，只是注意到它们，放下任何想要推开它们或想让它们消失的努力。

这样想这个问题：令人不舒服的体验、感觉以及情绪，和那些令人愉悦的体验、感觉以及情绪一样，都是生活的重要组成部分，就像你那些非常热衷政治的亲戚一样，无论你是否愿意，他们都会出现在家人聚会上，因此，或许你需要习惯他们不时造访，而不是挑起争端，让所有人都感到不舒服。

■　■　■

正如我曾经提到的那样，当我要求你做一个并非正念冥想的冥想时，我会明确指出这一点。接下来我们要进行的深入困境冥想，就是一个非正念冥想。虽然在这个冥想中有正念的成分，但是它不是严格意义上的正念冥想，因为我们将会有意把困难的想法或体验带入冥想之中，而不是仅仅注意到它们出现而已。

你可以先阅读下面的冥想文本，然后在没有任何指导的情况下进行练习。

深入困境冥想

在此冥想中，我们将有意把大家引入困境，因此，请根据你的最佳判断来选择自己在练习中要完成的"工作"。最好不要把生活中最痛苦的情境作为起点。我们是在深入困境，而不是陷入困境。一旦你掌握了与不适共处的诀窍，我确实会建议你逐步向舒适区的边缘移动，在那里，你才可以获得真正的成长。如果冥想中的任何时刻，事情开始失去控制，你都可以立刻停止练习。让我们开始吧。

◆ 请选取坐着或躺着的姿势，心情平静地进行练习。一旦心情平静下来，就闭上双眼，聚焦你的注意和觉察，留意一下那个时刻头脑和身体出现的任何体验。让注意到的一切事物自然地存在，放下任何希望事情有所不同，或者希望它们消失的冲动。

◆ 像我们之前练习的那样，把觉察带到呼吸上。留意呼吸感觉最明显的地方。觉察到每一次吸气和每一次呼气的完整过程。

◆ 想克服困难或出现其他想法，都没有问题。现在，让我们利用这个机会尝试一下这个新的练习。过去，如果我们被一个想法或故事迷住了，就会抓住它、承认它，并把注意力拉回到呼吸上。但是在本练习中，我们需要留意那些承载着困境的想法、故事和情绪，把它们保持在觉察的舞台中央，直面并清晰地观察它们。然后，留意困境可能给你带来的任何身体感觉，探究困境在你身体的哪个部分呈现。这种身体感觉可能非常微妙，也可能很容易被注意到，无论哪种情况，你都可以看看，自己是否能够识别出这种感觉，它与你所面临的困境相伴而生。当你能够识别出与困境相伴而生的感觉时，把你的注意力专注于此，就像你进行身体扫描冥想一样，用一种好奇而不加评价的方法关注它。

◆ 如果头脑中没有出现任何困境，那么请你回想一下当前正影响你生活的一个困境。记住，没有必要从最困难或最具伤害性的情境开始，从一些你愿意探索的，给你带来不愉快、烦恼、后悔甚至愤怒感受的事情开始就可以。当下的状况是最有用的，但是如果你当下的生活没有什么状况发生，也可以回想一些过去的状况。

◆ 把这种状况带入头脑，当你的觉察专注于它时，尽可能生动地呈现。然后，深入探索困境在你身体的什么部位出现，并将注意力专注于该部位的感觉。

◆ 利用注意力深入挖掘这些感觉，留意它们的特性。注意它们是静态的还是动态的、增加的还是减少的。同时，也要注意任何可能出现的自动反应。面对出现的任何东西，用接纳、耐心和不评价的好奇心去面对，并让它们成为觉察的焦点。

- 如果出现了某些冲动，试图驱赶、改变或消除这种感觉，没有必要批评自己。承认远离困难的体验或感觉是自然的，但是，要看看是否有可能，让它们在觉察的焦点中停留一段时间。

- 继续把注意力专注于这些感觉上。抓住并释放所遭遇的任何阻力，对当下不愉快的感觉和体验敞开心扉。承认对不愉快事物的抗拒是一种自动反应，但是，要看看是否有更多的空间，对它们敞开心扉并感觉良好。

- 你会发现，过一段时间这种感觉就会消失。然后，你可以决定，是再次回想同一个困境，还是更换新的困境，尽可能生动地再现那个困境，并仔细探究困境呈现于哪些身体部位。

- 现在，将注意力拉回来，留意呼吸的感觉。把注意力集中于你体内呼吸感觉最明显的部位。留意每一次吸气和每一次呼气的完整过程。

- 当练习接近尾声时，要认识到今天直面并深入困境所需要的一切勇气与力量。要知道，培养这种技能会让你更加轻松地驾驭生活中的起起落落。

- 如果你闭上了双眼，我邀请你睁开眼睛。把注意力带回到你身处的房间。在你开启下一步工作之前，给自己一点时间考虑，接下来要做什么。

常见的问题、困难和挑战

你是说我必须接纳糟糕的状况吗？例如，接纳自己处于一段不健康的关系中，或者接纳一位侮辱人格、咄咄逼人的老板？完全不是。练习接纳并对不舒服的情绪、感觉和体验持开放态度，并不是让你学会屈从于一个可以改变的环境。在这种情况下，接纳意味着愿意看清当下的现实，而非否认现实，或者因为内在的不适、恐惧、焦虑、压力和自我保护等自动回避现实。一旦你能够接纳并看清现实，就可以把正念用于其中，做出深思熟虑的回应，而非自动反应。更好地看清某种状况，或许可以帮助你决定是否需要改变这种状况，也有可能你的观点或反应是整个挑战的组成部分，需要你自身做出改变。

如果我接纳一切，不就是被欺负或成为一只应声虫了吗？ 再说一遍，这不是要你放弃或屈服于苛刻的、不公正的待遇。你要做的是接纳当前的状况，并对此做出理性回应，而不是自动反应。下面以体育运动为例。我猜，你应该听说过"垃圾话"这个词。这种状况通常发生在篮球场上，某个球员正要投出罚球，对手球队的球员经常会出口嘲讽，或者进行评价，试图让投篮者心态失衡或怒火中烧，从而让他们罚丢篮球。陷入反应模式并怒发冲冠，对球员来说是最糟糕的事情。接纳"垃圾话"是比赛的一部分，不陷入自我保护反应，而是有意地做出回应，持续专注于眼前的任务，难道不更好吗？有时候，不做任何回应是最好的回应方式！是否成为"垃圾话"的对象，已经超出了你的控制范围。你会把权利让给对方，当他每次侮辱或批评你时，你都做出自动反应，从而让他控制你吗？如果是这样的话，谁才是控制者？根据我的经验，不被霸凌者的愚蠢言论所困扰，反而更有可能惹恼对方。

你这句话是什么意思？——某件事情让你不舒服，但并不意味着它对你有害。 关于这一点，我们从几个层次进行深入探讨。有一定挑战性的锻炼通常会为你带来一些不适感，但是克服这些不适感，通常对健康有利。承受令人感到不适的挫折，往往是机会的大门，通往我们可能从未设想过的更伟大的成就。失业会激励你最终开始创业。经过伤心欲绝的失恋阶段，无论你多么希望这段恋情能够持续下去，都要背上行囊，继续前行，你最终会遇到一个人，他／她会让你感激上一段失败的恋情。我们可以在挫折、挑战和心碎中意识到，这些都是生活的组成部分，并且通常会为下一个人生篇章扫清道路。此外，还有一些非常微小的事情，会让我们放大或压抑自己的情绪。在面对挑战、烦恼或令人不适的事情时，我们通常会退缩，但是如果仔细观察之后，我们就会发现，在这些事情中其实蕴藏着一些种子，让我们对曾经的经历心存感激。让我们看一些案例。我不喜欢走自己的纳税流程，因为这个流程很复杂、很烦人，并且在归档之前，我总是要处理一些变化的规则。我很倒霉，对吧？但是至少，我还有一份工作。不得不纳税的"不适感"，或许是其他人梦寐以求的；很多人用塑料管和鞋带制造木筏漂洋过海（偷渡），将自己的性命置于危险的境地，只是为了将来有资格纳税。还有另一个案例。我讨厌打扫家里的厕所，这太恶心了。说真的，这就像我 5 岁的儿子故意瞄准了其他所有地方，唯独没有瞄准"靶心"。在聚会结束后，那就更别提了，绝对恶心至极。这些抱怨都是自动反应，它们本身会让打扫厕所变得比实际情况更加"困难"，而且最重要的是，大脑不会自动出现这样的一个事实：在寸土寸金之地拥有一套房子，真的是一件大好事。这种自动忽略，本身也是一种习惯性反应。我们看到的是某种状况的"问题"、不便之处、何处"让我们烦恼"，而我敢说，我们几乎从不考虑这些"挑战"背后的幸福。这并不是说，你必须喜欢这些挫折和具有挑战性的状况，但是为什么会有人想要被困在消极情绪的内心故事当中呢？——这只会让一切变得更糟，尤其在于，这只是备选方案之一。就像我们在军队里所说的那样："拥抱逆境"；抱怨只会让你和所有听到你抱怨的人，变得更加糟糕。

假如我还没有做好准备去面对一些具有挑战性的情绪，那会怎样呢？ 这完全没问题。在这里，你才是自己最好的拥护者，并且这个过程会让你发现自己的界限。如果你想推迟进行这个练习，可以继续进行之前的冥想，直到你做好准备为止。此外，你可以在练习中选择自己要面对哪些困境，这样，你就可以在潜水之前先用脚趾试一试深浅。无论如何，最好不要以最困难的、最情绪化的或最痛苦的状况为起点。此处的要求是，找到你舒适区的边缘，如果你正身处那里，就带着一些自我关怀略微向前推进一点，可以采用自我引导式的评论："不喜欢他，完全没问题，看看自己能不能和他共处一段时间，如果做不到，那也没关系。"这是需要用一生去完成的练习，不要期待在一个周末一蹴而就。欲速则不达。

要点、练习和提示

要点

◆ 理性回应是深思熟虑之后做出的选择，进程可能会比较缓慢（尽管通过训练可以改变）。对生活做出理性回应，通常与改变某个人的生活环境一样，强劲有力。

◆ 反应是自动产生的，它们来自我们过往的经历、信念、习惯、偏见，来自大脑的生存中心。当我们做出自动反应时，会被自己的过往所束缚，并且常常会让本来就已经十分困难的状况，变得更具挑战性。

◆ 面对困境，我们可以学会更加明智地回应，训练自己去直面困境，并且认识到我们可以感到不适，但是依然待在其中。并非所有令人不适的事情都对你有害。当我们学会保持理智时，即使是在困境之下，我们也能以更广阔的视角，准备做出更理性的回应，从而得到更理想的结果。

正式练习

◆ 呼吸觉察冥想——每日两次，每次至少 10~15 分钟。（参见第 6 章）

◆ 深入困境冥想——连续练习 7 日，每日一次。（参见第 13 章）

非正式练习

◆ 正念步行——每日。

◆ 抓住并释放——每日，抓住并释放一个无益的内心信念、评价或想法。

◆ S.T.O.P. 练习——按需进行。

◆ 感恩日记——睡觉前，写下 1~3 件当天让你心存感激的事情，既可以是大事，也可以是小事。

提示

◆ 随着不断练习"深入困境冥想"，你也许会注意到，自己对待外部的挫折以及内心产生的恐惧、焦虑或充满压力的想法，自动反应会更少。但是这需要时间，在某一状况下自动反应减少，并不意味着你在下一次遭遇同样状况时，就不会对其做出自动反应——特别是当你停止练习时。这就像健身一样，只要不锻炼，肌肉就会萎缩。

◆ 你也许开始注意到，许多应对困境的自动反应性的想法，只是为了试图保护自己，避免让自己再次遭遇年轻时曾经感受到的威胁。如今已经长大，再遵循原来的模式或许并不明智，并且我们需要进行深刻反思，看看有多少类似的思维模式挡住了自己前进的道路。

◆ 当你对过去曾经做出自动反应的人际困境做出理性回应时，你也许会发现，尽管环境没有变化或只有微弱的变化，但是你的人际互动体验有所改善。当这种情况发生时，你可能会看见一条通往幸福与满足的大路，而且别人也无法从你身边夺走它。

第6周：我们坐在同一条船上

我们在生活中碰到的最有意义和最具挑战性的时刻，都涉及与他人的关系。如果在两种情况下，你都碰到过类似的重要的人，就会认识到这一点：两种时刻通常会出现在同一种关系中！这种情况不仅发生在我们与重要的人的关系中；在我们的专业关系和其他个人关系中，也会有类似的体验。现在是时候讨论实际问题了。我之前曾经说过，去健身房锻炼并不只是为了在健身房里健康，而是为了在健身房之外的生活中保持强壮和健康。让我们把正念技能带出健身房，带入与他人的互动中，让我们再来看看第11章中提到的爱丽丝和萨拉之间的故事，或许还能出现另外一种情况。爱丽丝依然寻求成为合伙人，尽管她仍然和萨拉在同一个小组工作，但是她不再直接向萨拉汇报工作。

周五下午4点40分左右，爱丽丝收到了萨拉的电子邮件：

爱丽丝，你好！

希望你一切都好。我遇到了一个麻烦。还记得上个月你帮我们拿下雷吉公司的项目吗？这个项目上周已经开始了，可是雷吉公司现在要求，按照新的时间线更新我们提出的数字转型计划；他们希望所有的工作都能往后推迟6个月。由于你是项目团队最初的成员之一，你拥有项目更新所需要的所有数据和文档，并且了解相关细节。新团队对这个项目还不太熟悉。

可以请你帮我更新一下文件，并标注出这些变化可能会造成哪些影响吗？

　　我和雷吉公司的会议是周一的第一项工作，所以我非常希望你能够在明天下午，或者最迟在周日晚上，把这些文件发给我，让我有时间在会议之前审阅。如果你可以做，无论两天之中哪一天能够完成，请告知我一下，如果你有任何问题，请随时联系我。这非常重要。

谢谢，

萨拉

　　爱丽丝在周末已经有别的安排，但是雷吉是一个重要的客户，而萨拉也一直很支持她，所以爱丽丝决定取消原定计划，并更新所需文件。更新的内容比她预想的要复杂一些，但是她还是在周日早上将文件发给了萨拉。

　　周一早上，当爱丽丝打开电子邮箱时，她在收件箱里看到了萨拉的留言：

　　我要去和雷吉开会了，事情可能不太妙。我刚刚看了一下文件，时间线上的重要节点日期全错了！你怎么能犯这种错误呢？我需要你重新更新一下文件，修改成正确的日期。第一个时间节点应该是2月1日，而不是12月1日，因此，你没有考虑到由于第一阶段的转型跨越年度，可能会对雷吉的财务造成的影响。我们在早上9点结束会议之后尽快谈一谈吧。我需要在今天下班之前收到更新的文件。

　　萨拉通过手机发送。

　　爱丽丝站了起来，给自己倒了一杯咖啡，往里面放了一些奶油，慢慢地搅拌了一下，然后走回办公桌，在早上9点15分打通了电话。

　　"萨拉，你好，我是爱丽丝。"

　　"哦，谢天谢地，周末花费了你很长时间吧？请你不要介意。我需要你尽快把这些文件反馈给我，不要晚于今天下班时间。我在会上感到十分尴尬。你怎么能搞错日期呢？我告诉过你这很重要。"

"你没搞错吧，萨拉？我是按照你的要求更新的文件啊。你之前说'所有工作都要推迟 6 个月'，所以我阅读了全部 5 年计划的所有文件，并根据新的数据与调整之后的时间线更新了每一个重要的时间节点和决策节点。"

"可是你把时间线从 6 月 1 日挪到了 12 月 1 日，这是不对的——"

爱丽丝打断了她："不，这是对的。这距离我提案里的第一个重要的时间节点刚好 6 个月时间。我正看着这份文件呢。"

"不对！在签约的第一天，我们就把起始日期挪到了 8 月 1 日；在你演讲的时候，他们就在讨论是否可以把日期挪到 8 月 1 日，所以，时间线的改变应该是从 8 月 1 日挪到下一年的 2 月 1 日。"

"我怎么知道他们改变了时间？我还以为他们只是有这个想法而已。我以为是从原始提案开始往后数 6 个月。"

"你可以打电话询问或确认一下啊。"

"因为我有提案文件，所以你才让我去做更新，而且你说我已经有了全部信息！还有，你还说想在上周末拿到文件，这样你可以审阅一下。这么重要的信息，我在周日也没有收到你的通知啊。"

"我有很多事情要做，我以为我可以信任你。你还想更新文件吗？"

"行吧，我会更新文件的，但是我今天还有其他必须要完成的工作。"

"这件事必须在今天下班前完成。"

■　■　■

在以前的工作中，我用 E&E 指代逃跑（Escape）和逃避（Evasion），其目的是不惜一切代价避开敌人，这样，人们就能回到"友好"领地的安全地点。在与他人混乱而复杂的互动中，我们有时会把他人视作威胁自己安全的敌人，因此，我们会做出自动反应，以保护自己的自尊、声誉和身份，并拒绝从他人的角度看待问题或寻求理解。现在，我赋予 E&E 一个全新的解释与目的——关怀（Empathize）与投入（Engage），两者以理解为整体目标，这样我们可以更好地沟通、合作和共存。

在爱丽丝与萨拉的对话中，我们既没看到关怀，也没看到尝试着理解，与此相反，大量的自动反应专注于指责。她们俩似乎都认为，如果把责任归结到对方身上，自己就没有任何问题。这将继续导致摩擦，即便文件已被更新，客户对此也感到满意，但是爱丽丝和萨拉之间的关系很有可能会继续紧张。

在这种状况下，你会怎么做？谁是对的？萨拉认为是爱丽丝的错，因为爱丽丝没有打电话验证她的假设。爱丽丝则认为萨拉才是罪魁祸首，因为她没有为爱丽丝提供所需的全部信息，也没有像她说的那样，在会议开始前及时检查工作内容并做出修改。时间线并不准确，导致没有及时交付给客户，这一点毋庸置疑，此处的对话是指责性的，是通过解释和评价的视角而产生的。

让我们抽丝剥茧，看看在整段对话中，爱丽丝和萨拉之间究竟发生了什么。具体内容见表 14-1。

表 14-1　在对话中，爱丽丝和萨拉都在想什么

爱丽丝	萨拉
为了帮助她，我取消了周末的安排，我原本不需要这么做，她对此却毫不领情	我为什么要相信她能做好这件事呢？这真是个错误
她应该告诉我起始日期的变化，并且应该像她自己说的那样提前看一下文件	她完全没有与团队成员联系去核实日期，这可不是一个好事儿
我还有更重要的事情要做，现在却在帮她干活。这次我会帮她解决这个问题，但是下次，我再也不会帮她了	或许提拔她不是一个好主意

这些想法、解释和评价，将制造和加强她们的每一种情绪反应，而这些将进一步影响她们的想法。此外，除了公开的谈话之外，还会发生很多其他的事情。爱丽丝可能会感到不被赏识、愤怒、烦恼、困惑、后悔、恐惧，并感觉自己注定要失败。萨拉可能也会感到后悔、愤怒、困惑、烦恼和恐惧等等。

你也许会问，为什么在这种情况下，她们会感受到恐惧呢？首先，要注意，她们两人都没有为错误承担任何责任。她们都不愿意被指责。萨拉当然不会接纳任何指责，她有可能会担心，自己去冒险支持爱丽丝晋升是一个错误，或者担心她与客户的融洽关系因此受到冲击，所以感到恐惧。

而爱丽丝呢，她也会感到些许恐惧与焦虑，因为这或许会影响到她晋升为合伙人。此外，如果她觉得自己被陷害了，她在猜测萨拉行为背后的意图，也就是说，"萨拉这样做是故意坑害我"，这必然会造成一些恐惧。

这将让我们产生通常所说的意图。我们会对评论或情境做出反应，感受到某种情绪，进而自动产生某种意图。例如，如果你的妻子说："你今天打算去锻炼吗？"你可能会感受到贬低，自动地认为她意图羞辱你，想让你感到难过，但是实际上，她之所以这样问，或许只是为了协调两人之间的时间安排。这种自动将意图套用在他人行为上的做法，已经破坏了很多友谊和关系，因为这不仅会影响你的情绪反应，还会在你的脑海中塑造一些故事，认为他人性格如何。如果认为妻子是在故意贬低你，你可能会产生这样的想法："我的妻子怎么能故意对我这么刻薄，只有冷酷无情的人才会这样做！"如果你已经认定某人道德败坏或性格恶劣，就很难与其进行富有成效的互动。我鼓励你就像对待其他无益的信念、评价和想法一样，把"抓住与释放"技术同样应用于产生意图的自动过程。

最后，作为资深的顾问、领导或个人，还有一种更深层的恐惧，他们会担心如果对某个错误负责的话，别人会对其做出何种评价。

我们通常会无意识地付出巨大的努力，去维护自己的形象，但是这样会破坏我们的能力，让我们在困境和关系中无法认清自身角色。此外，这种不断维护自我形象的需求，会妨碍我们的进步，阻碍我们进入崭新的成长阶段。例如，一位已经破产，但是被其首席执行官或领导者身份所裹挟的 CEO，是不会"屈尊"去选择 CEO 以外的其他工作的。他不仅已经不是 CEO，而且没有意识到，必须拉回弹弓，才能向前射出石头。"后退"或者"屈尊"并不总是意味着投降。同样，愿意承认自己存在某些错误或误解，并不是脆弱或无能的表现。恰恰相反，这种脆弱性（愿意承认自己所扮演的角色或错误）是一种自信的象征。那些从来不承认自己有错的人，是没有安全感的，他们必须维护自己虚伪的自尊。

真实情况是，极少有分歧或争论，完全是由一个人单独引发的，所以，为了成功地解决分歧与争论，你必须学会"抓住并释放"那些自动反应，并采取深思熟虑的步骤去关怀与投入（E&E），才能理解另一个人的观点。

■ ■ ■

本周，你将要进行两种新的练习，以培养关怀与投入（E&E）的能力，让你在人际互动中理解他人。第一个是 S.P.A.R.R. 练习，五个字母分别表示停止（Stop）、暂停（Pause）、评估（Assess）、认识（Recognize）和回应（Respond）。当头脑中出现一条评论让我们感到"扎心"或产生其他无用的自动反应时，如果我们盲目采取行动，可能会让人际互动进一步恶化，而 S.P.A.R.R. 却能让我们有时间走出习惯的反应，做出深思熟虑的选择。当你觉得某人正和你争吵时，你可以运用 S.P.A.R.R.，让自己在沟通的过程中保持冷静。你还是在争吵，但是在用不同的方式。我们将在下文更加详细地解释 S.P.A.R.R.，并将其应用于爱丽丝与萨拉的故事中。

第二个练习是一个称为"同舟共济"的非正念冥想，其目的在于提醒我们与他人有多么相似，强调我们分享着共同的经历，并向我们展示，我们本质上是"在一条船上"度过人生的。这个冥想会提高我们的共情能力，促进理解与联结，并为关怀奠定基础——我们将在下一章讨论。

在人际困境中保持 S.P.A.R.R.

让我们更加细致地看看 S.P.A.R.R. 练习，看看如何将其应用于爱丽丝和萨拉的故事中，以及与前文提到的反应模式相比，该练习可能会对两人的互动关系产生何种迥然不同的影响。下面的内容详细定义了 S.P.A.R.R. 的每个步骤。

1．S（Stop）——**停止**。当你发现某个评论在内心触发自动反应时，立刻停止。或者说，停止对某个评论或问题做出自动反应，在该情境中做出理性回应，对你来说或许更加重要。

2．P（Pause）——**暂停**。暂停片刻，集中精神，完成后续步骤。

3．A（Assess）——**评估**。评估你在自己身上觉察到的，或者在人际互动过程中从对方身上觉察到的情绪与想法，并评估怎么做可能更明智，而不是做出自动反应。如果可以的话，在回应环节，确认一下对方的情绪与想法，因为正如我们之前所了解的那样，我们的解释可能会非常不准确。了解他人的想法和情绪而不进行评价，部分原因正是想和对方确认一下。这需要你在人际互动过程中，集中注意并努力倾听。

4．R（Recognize）——**认识**。认识到，在沟通的另一端还有另外一个人，并且对对方的处境、日程和观点等采取承认、接纳与开放的态度。这并非意味着你必须同意这个人，而主要是指试图理解对方并锻炼共情能力。如果你把自己的日程作为互动的起点，就会错过对方向你传递的信息，你也无法和对方建立信任，因为对方知道，你对自己想要的东西更感兴趣，至于理解对方，你并不感兴趣。

5．R（Respond）——**回应**。以促进有效沟通的方式，做出深思熟虑的回应。

S.P.A.R.R. 需要你充分专注于当下的人际互动，无论如何，在学习本课程 6 周之后，你都应该这样做。你可以在谈话过程中运用 S.P.A.R.R.，让自己更加敏锐地觉察到自己和对方的内心波动、想法和感受等——它们会影响你和对方的行为。S.P.A.R.R. 为我们创造出时间，抱着一种开放的态度去审视对方正在经历什么、对方的日程是什么，如果没有我们同意的话，事情或许也能搞定。当你有意参与该过程时，你正在帮助自己走出自动反应模式，进入更加深思熟虑的、更加明智的理性应对模式。不要等到该你发表意见的时候，或者被日程推动的时候才去考虑，你现在就需要去倾听、去理解，那样才能建立信任关系。

如果爱丽丝在给萨拉打电话时使用了 S.P.A.R.R.，结果会如何呢？让我们来看一看：

"萨拉，你好，我是爱丽丝。"

"哦，谢天谢地，周末花费了你很长时间吧？请你不要介意。我需要你尽快把这些文件反馈给我，不要晚于今天下班时间。我在会上感到十分尴尬。你怎么能搞错日期呢？我告诉过你这很重要。"

"你没搞错吧，萨拉？我是按照你的要求更新的文件啊。你之前说'所有工作都要推迟6个月'，所以我阅读了全部5年计划的所有文件，并根据新的数据与调整之后的时间线，更新了每一个重要的时间节点和决策节点。"（我们也许无法立刻捕捉到自己正在上涌的情绪，但这没有关系。一旦注意到自动反应，我们就可以运用S.P.A.R.R.。此外，这段话看上去是一个合理的回应。）

"可是你把时间线从6月1日挪到了12月1日，这是不对的……在签约的第一天，我们就把起始日期挪到了8月1日……所以，时间线的改变应该是从8月1日挪到下一年的2月1日。"

爱丽丝运用了S.P.A.R.R.。

S——停止（感觉受到攻击并做出反应；正要打断萨拉的话，但是又停下来，让萨拉把话说完。）

P——暂停（……）

A——评估（听上去萨拉现在确实很生气，我也冲着她大喊大叫或打断她讲话，可能于事无补。）

R——认识（萨拉的压力也很大。）

R——回应（我不想让事态恶化。我会明白她可能的感受，并且从我的角度分享细节。）

"萨拉，我知道你很生气，而且我也能想象得到，在没有准确信息的情况下和雷吉开会，一定很不愉快。我完全不知道时间线改变过。我用的是推销那天的提案文件。我想我应该打电话跟你核实一下，但是我想，你之所以第一时间寻求我的帮助，是因为你想用推销那天用过的文件迅速扭转局面。相信我，我宁愿没有取消自己的海滩之旅，但是我知道，这件事对你和公司都很重要。"

"是的，这就是我联系你的原因。我现在才意识到，自己忘了和你说日期变更的事了。周日赶上我儿子生病了，所以直到开会前，我才有时间看了一眼文件。"

爱丽丝再次运用了 S.P.A.R.R.。

S——停止（不那么激动了，并且仍然坚持深思熟虑的理性回应。）

P——暂停（……）

A——评估（一个压力极大的截止日期，一个生病的孩子，现在还有一个不开心的客户——我能帮上什么忙呢？）

R——认识（这三件事中的两件就足以让任何人感到压力山大，她的反应是可以理解的。即使她把火发到我身上，很有可能也不是故意的。）

R——回应（询问一下她儿子的状况，专注于问题解决，而不是求全责备。）

"你儿子现在怎么样了？"

"他现在没事了，但是昨天吐了整整一晚上。"

"这可不是闹着玩的，我希望他尽快好起来。雷吉的反应如何？我可以和哪位团队成员一起重新更新这些文件？今天是我的新项目的截止日期，我必须按时完成，但是我也想确保咱们能一起把这个问题处理好。"

"谢谢，爱丽丝。你是了解雷吉的，他很悠闲，但是因为我的儿子，我当时实在是太累了，直到走进会议室之前，我才意识到这份文件不是他想要的。很抱歉，无论之前的电子邮件，还是刚才通电话的时候，我给你提供的信息都太少了。我想，基兰可以帮忙。真的非常感谢你，在这个项目上出手相助。"

"别在意。我很高兴能帮上忙。如果可以的话，今天晚上你好好休息一下吧！"

在这个情境中，S.P.A.R.R. 充满力量，不仅防止事态升级，还让爱丽丝和萨拉都认识到，自己在事件中负有责任。爱丽丝用这种方式来解释萨拉的感受，是一种明智之举，因为感受和情绪（尽管商业圈经常忽视它们）是所有争议对话的组成部分。她还展现出了共情，并向萨拉发出了这样的信号：爱丽丝正在倾听、理解，而不是听了之后，立即用她的"一面之词"进行回应（或者打断）。我们也要注意，带着关怀回应，带着想法投入（E&E），并未妨碍爱丽丝分享自己的观点。事实上，这反而让萨拉能够更加有效地聆听她的观点。

当然，并非所有的 S.P.A.R.R. 都会进展得如此顺利，只是为了写书的方便，我才将其描述得如此流畅。其传递的理念在于，通过抓住你的自动反应并调用这种技能，你更有可能避开常见的陷阱——在有争议或情绪激动的对话中，对大脑感知到的威胁做出自动反应。即使事情并未如你希望的那样顺利，但是如果你能保持理智，并做出理性回应而非自动反应，就可以从事情上抽身出来，同时知道自己并没有让事情变得更糟。

S.P.A.R.R. 可以应用于面对面沟通、电子邮件、短信和电话等一系列人际互动中，帮助你更加深思熟虑地做出回复。在求职面试时、在推介过程中回应客户的反对意见或担忧时、在与青少年子女讨论规则时、在与配偶或伴侣交谈时、在与政府官员打交道时，甚至是在回复某个"叛徒"的电子邮件时，S.P.A.R.R. 都很有帮助。当你谈话的时候，如果情绪能量在增加，S.P.A.R.R. 都可以帮助你更加明智地驾驭人际互动。

■ ■ ■

尽管 S.P.A.R.R. 是一种有用的工具，但是它本身并不能提高共情或者设身处地为他人着想的能力。这就是同舟共济冥想的作用，它能够帮助我们伸展与增强共情的"肌肉"。我们将在第 15 章中进一步讨论共情，但是同舟共济冥想正是培养这种重要能力的第一步。此外，和深入困境冥想类似，同舟共济冥想也不是正念冥想，因为我们会有意唤醒某些方面的生活和经历——在本例中，用以增强共情。

你可以先阅读下文的冥想文本，然后在没有任何指导的情况下进行练习。

同舟共济冥想

同舟共济冥想，目的在于培育共情，在该练习中，我们会时刻提醒自己，他人与我们何其相似，我们在生活中"同舟共济"，面对相似的挑战，面对同样不可避免的生活起伏，并尽我们所能驾驭生活。承认这些相似之处，有助于形成某种心理定式——感受与他人人性的共同之处，并为进一步培育共情与友善的冥想练习奠定基础。同舟共济冥想练习能够帮助我们了解如何与他人进行互动，即使与某人存在分歧，也能让我们去关怀与投入（E&E）。

让我们开始吧。

◆ 请选取坐着或躺着的姿势，心情平静地进行练习。一旦心情平静下来，就闭上双眼——如果这让你感到舒适；放低你的目光，让眼神柔和下来，开始进入你的注意和觉察，留意一下现在头脑和身体中出现的任何事物。允许你留意到的一切事物如自然般地存在，放下任何希望事情有所不同或希望它们消失的冲动。

- ◆ 以毫无条件的友善与关心的态度对待自己的身体。
- ◆ 在靠近胸部中心区域的心脏部位开始感知呼吸的运动。
- ◆ 允许自己想起某人，一个和你有积极且简单关系的人。他可以是任何人：朋友、家庭成员、邻居或同事等。
- ◆ 当他们成为你觉察的主要关注对象时，默默地对自己重复下列短语：

  - ◆ 我们在生活中同舟共济。
  - ◆ 我们都有身体和头脑。
  - ◆ 我们都有思想和情感。
  - ◆ 我们都曾经体验过悲伤、失望、愤怒、受伤或困惑。
  - ◆ 我们都曾经体验过身体与情感上的痛苦和折磨。
  - ◆ 我们都希望摆脱痛苦和折磨。
  - ◆ 我们都曾体验过幸福和欢乐。
  - ◆ 我们都希望自己健康、快乐、被人喜爱。

- ◆ 放下这个人，现在，想起一个和你相处得不太好的人。可以是一个经常与你起冲突的人；最好不要从最具挑战性的人开始，而是从一个关系不太容易变好的人开始。
- ◆ 当他们成为你觉察的主要关注对象时，默默地对自己重复下列短语：

  - ◆ 我们在生活中同舟共济。
  - ◆ 我们都有身体和头脑。

- 我们都有思想和情感。
- 我们都曾经体验过悲伤、失望、愤怒、受伤或困惑。
- 我们都曾经体验过身体与情感上的痛苦和折磨。
- 我们都希望摆脱痛苦和折磨。
- 我们都曾体验过幸福和欢乐。
- 我们都希望自己健康、快乐、被人喜爱。

- 留意产生的任何感觉和感受，并与它们共处一段时间。放下任何希望事情有所不同或希望摆脱它们的冲动。
- 现在，练习的最后，把注意力带回到呼吸上。留意每次吸气和每次呼气的全部过程。
- 如果你闭上了双眼，我邀请你睁开眼睛。把注意力带回到你身处的房间。在你开启下一步工作之前，给自己一点时间考虑，接下来要做什么。

常见的问题、困难和挑战

如果分歧或争吵真的都是他人的错呢？当对方才是应该受到责备的人时，我为什么要做这些进行理性回应呢？某个分歧全都是他人的错，这种说法肯定不对。如果分歧发生在两个人之间，那么至少这两个人在某种程度上都对分歧负有责任，但是负有责任不等同于受到指责。这只意味着你在某种程度上对人际互动的基调和结果做出了贡献。如果你专注于指责，就错过了机会，无法了解对方的观点、解释和评价，而这些有可能产生理解（但是不一定是同意）。此外，之所以继续培养理性回应而非自动反应，还有另外一个原因。如果每次只要有人做出你反对或讨厌的事情，你都做出自动反应，那么，究竟是谁在被控制呢？自动反应会让你失去力量，而在任何特殊情况下都能做出理性回应，则是一种"超能力"。

现在来看，使用 S.P.A.R.R. 需要花费很长的时间。这难道不会降低沟通效率吗？你第一次去做的任何事情，几乎都会让你在一段时间内觉得很麻烦。此外，我们也经常被自己的日程所羁绊，我们需要通过练习有意暂停这种倾向，以真正倾听对面的人。你完成该过程的次数越多，在与他人交往过程中自然而然地完成每个步骤的速度就越快。在这一点上，S.P.A.R.R. 类似于 S.T.O.P. 练习。在这个时间节点，如果过去的 5~6 周，你一直在做 S.T.O.P. 练习的话，就能更自然地理解它。这种状况对于 S.P.A.R.R 同样适用。你练习的次数越多，将来运用它的能力就越强，尤其是当你必须理性回应具有挑战性和有争议的对话时。

当我进行同舟共济冥想时，我的情绪变得很激动，而且哭了。这正常吗？当我们在做一项练习时，回想起那些与我们有某种情感联系（无论是愉快的还是不愉快的）的人，并有意表达共情或关怀时，有可能会"扰动"情绪。也就是说，这种练习会让未被解决的状况或未被处理的情绪涌现出来，并在练习过程中产生更加强烈的情绪。带着好奇心和关怀去探索自己舒适区域的边缘，或者完全停下练习，这是你必须做出的决定。如果你觉得有必要，也可以去寻求专业的心理辅导。如果你发现涌现的情绪是压倒性的，或者始终与某个特定的人有关，这也许是一个迹象，表明去和专业人士交谈或许会对你有所帮助。寻求帮助并非软弱，其实恰恰相反。

要点、练习和提示

要点

◆ 在有分歧或争议的对话中，不要做出自动反应，以保护我们的自我形象或自尊，而是带着理解这个目标去关怀与投入

（E&E）。理解并不意味着同意，只是表示愿意听到他人的观点、故事和解释等。

◆ 当谈话产生分歧或感到被攻击时，记得运用 S.P.A.R.R.。即使在十分激烈的人际互动中，也要保持稳定与理智，长远来看必将受益。

◆ 我们有差异，更有共同点。认识到这一点，就能更充分地与他人建立联系、更有效地驾驭复杂的人际关系。

正式练习

◆ 呼吸觉察冥想——每日两次，每次至少 10~15 分钟。（参见第 6 章）

◆ 同舟共济冥想——连续练习 7 日，每日一次。（参见第 14 章）

非正式练习

◆ 自选你每天进行的正念行动——每日。

◆ 抓住并释放——每日，抓住并释放一个毫无裨益的内心信念、评价或想法。

◆ S.P.A.R.R. 练习——在艰难或重要的对话中进行。

◆ S.T.O.P. 练习——按需进行。

◆ 感恩日记——睡觉前，写下 1~3 件当天让你感到感激的事情，既可以是大事，也可以是小事。

提示

◆ 当不断练习同舟共济冥想时，你也许会注意到，当别人再做出一些过去通常会让你生气的事情时，你自动产生的内部对话却发生了显著改变。

◆ 你也许会惊讶地发现，自己会做出更加深思熟虑的回应，更有兴趣去理解与自己交谈的人，或者即便在高度紧张的对话中也能运用 S.P.A.R.R.。

◆ 你也许开始注意到，在某些状况下，在与某人产生冲突时，你自己对冲突的责任比之前认为的要多得多。尽管意识到这一点可能会让你感到不适，但是这并非坏事。一旦意识到这些冲动和行为，你就可以开始"抓住并释放"它们，不再让这些自动反应对你的生活产生不必要的负面影响。

第十五章 **15** | 第 7 周：谁在照顾你，你又在照顾谁

想象一下，你有一个待办事项清单。如果你确实有，而且就在手边，可以快速浏览一下。看看它是否包括任何形式的自我关怀、休息一下或锻炼身体等内容？很可能没有。我知道我们已经进入正念课程的第 7 周，因此，你现在应该在进行规律性的冥想练习。但是，我敢大胆猜测，即使是本书中的练习，很可能也不在你的待办事项清单里，你对这些练习只有模模糊糊的想法，当然，当你有时间时，你会想着去做，并且会去做。在我们的生活中，自我关怀、锻炼、休息等活动，难道不是都被忽视了吗？即使自我关怀真被列在待办事项清单上，也是无足轻重的那一个。现在，是时候让我们讨论共情、关怀和友善了，这不仅是为了别人，作为一种自我关怀，也是为了我们自己。关于这些主题的练习和讨论与正念无关，而是我们需要面对并增强的一些技能，由于一些错误的思想（例如，假如我们放慢脚步、休息一下，或者松开油门），我们将会"落后"或被超越，因为我们很少关注这些。

著名的金融大师——罗伯特·清崎，在他那本大获成功的著作《富爸爸，穷爸爸》中，让"首先为自己存钱"这句话家喻户晓。"首先为自己存钱"，这一概念绝对颠覆了传统观念。传统观念认为，支付完账单之后剩下的钱（如果有的话）才存进银行。"首先为自己存钱"的概念则与

此截然相反；在支付账单之前，至少将一部分收入直接存入银行或者进行投资。这是反直觉的，但其传递的理念在于，你会不断地积累自己的资产，即使这种增量非常微弱（例如，每月 25 美元这么低），但是时间长了，你就会看到滚动的增长。从你的投资当中获得的被动收入，开始成为整体收入中很大的一部分，直到有一天，被动收入超过你用时间换来的金钱。"首先为自己存钱"这个概念的亮点就在于，它是如此简单。坚持不懈地付出点滴的努力，久而久之，就会产生巨大的影响。对于自我关怀，该道理同样适用；我们可以每天在自我关怀上进行点滴投资，最终带来身体、精神和情绪的健康，但是我们经常忙于其他追求，而对自我关怀弃之如敝履。

当我们在现代社会中向着自己的目标、梦想和职业抱负前进时，我们中的很多人已经在教育自己的儿子、女儿、侄女、侄子和邻居的孩子等，让他们知道努力工作、坚持不懈、延迟满足与自我牺牲的价值。当我们和其他成年人在校车站、在独立日的庆祝活动中、在家里的感恩节晚餐中、在年终的欢乐时光里交谈时，孩子们就围绕在我们身旁，聆听着我们的对话。他们有充分的机会去见证努力与奋斗、成功与赞誉。这无疑是他们要吸取的重要教训。

亲爱的读者，我很好奇，谁在照顾你，你又在照顾谁？现在，谁正仰慕你，而你在教导他自我关怀吗？这不是一个假模假式的评论，而是在真诚地询问，我们对自己照顾得是否足够好，从而把休息与恢复的重要性深深印刻在身边年轻人的脑海中，而不仅仅是给他们留下浅尝辄止的印象。

我们永远不能为了财富而牺牲健康，这个道理老生常谈，经常见诸各大社交媒体，但是让我们实话实说，我们又有几次听从了这个建议呢？如果我们自己都不听从这个建议，我们的孩子又哪里有机会去学习呢？当然，也许他们终究能够明白，所有的优秀运动员在日常训练中都会优先考虑休息和恢复，因为如果他们不这样做，就无法成为优秀运动员，无法达到最佳表现。然而，更有可能的是，孩子们会从他们最亲近的人那里学习行为和习惯。我们是否希望，自己的孩子循着我们的车辙，陷入疾病、慢性压力和倦怠呢？他们原本可以预防！自我关怀并非自私；如果我们不照顾好自己，就不要指望能够照顾好我们所爱的人，或者为他们树立学习的榜样。

我之前曾经提到过，有意培育共情、关怀和友善的练习并非正念练习，这些都无法培育正念。尽管如此，增强这些技能依然意义非凡。这些技能，如直面困境，不但不会让我们"脆弱"，反而会让我们更加坚强。它们会帮助我们与他人产生联结，并为他人提供支持，会帮助我们成为更好的领导者，会增强我们的心理弹性，让我们有信心在挫折与失败面前继续追寻自己的梦想。

■　■　■

迄今为止，似乎有些奇怪，我们的讨论本来专注于自我关怀，现在却关注共情、关怀和友善。这个回应非常符合逻辑。当我们听到共情、关怀和友善这三个词时，往往会自动认为它们仅仅指向对外的努力，是我们为他人感受什么或者做什么。其实，这三个词语都是双向的。我们也可以对自己表达共情、关怀和友善，能对自己做到这些，恰恰是强大的自我关怀能力。然而，要做到这些并不容易，尤其是我们很多人竭尽全力去善待他人，却对自己很不友好。我们将通过一些练习，从两个方向培养这三种技能，但是在发展这三项技能之前，我们先简要浏览一下，它们到底是什么。

共情

让我们从共情开始，因为它最基础。如果你不会共情，就不会关怀。韦氏在线词典将共情定义为："某种行为，在没有以客观而明确的方式充分交流感受、想法和经验的前提下，却能够理解、觉察、敏感并间接体验他人过去或现在的感受、想法和经验。"基本上，这意味着在无须他人告知的情况下，就能够感受到对方正在体验着什么。

在第14章中，我们特意通过同舟共济冥想练习来增强共情能力。其实，当第一天进行正念冥想时，你就已经在增强共情能力了，但是共情仅仅是正念冥想练习的副产品而已。当我们能够更加清晰地理解自己的内心体验时，也在学习理解他人的体验。随着共情能力的增强，我们与他人建立真实联系的能力也会增强——无论我们与他们关系如何。当然，毫无疑问，你已经能够从同舟共济冥想练习中意识到，和我们认识与喜欢的人产生共情，比和我们相处不好的人产生共情，更容易一些。

共情孕育理解。正如理解某人的观点并不意味着我们必须要同意一样，我们共情和理解某人来自哪里，他们为什么持有某种特殊观点等，也不意味着我们同意这种观点。例如，让我们来看一个极具争议性的政治话题：控枪。假设有两个人，塞缪尔和安东尼奥，他们在控枪辩论中持有对立的观点。塞缪尔在纽约市长大。他关于枪支的经历，都和恐惧、痛苦与悲伤等联系在一起。他最好的朋友于13岁时在一次抢劫案件中丧命，就在一周前（他的女儿刚满4岁），一名3岁大的女孩就在两个对立帮派驾车火拼过程中被流弹击中，不幸瘫痪。塞缪尔每天晚上都在纽约新闻上看到无休无止的谋杀和其他枪支暴力事件。他从未碰过枪，也不想接近枪。他希望大街上不再有枪支，认为只有训练有素的执法人员和军事人员才能持有枪支。

安东尼奥在得克萨斯州的农村长大。他关于枪支的经历，都是关于快乐、责任和与所爱之人在一起的。安东尼奥和祖父关系很好，他的祖父是一位二战老兵，在安东尼奥很小的时候就经常带他去靶场。多年来，安东尼奥的祖父经常带他去靶场、去打猎，教导他要以最大的尊重对待枪支，要负责任地使用枪支。安东尼奥最珍贵的记忆之一，即他祖父去世前最后的记忆，就是祖父送给他一把家传了三代的左轮手枪。安东尼奥认为，能够拥有和使用枪支是任何守法公民的合法权利。

此处的重点，不在于在这个问题上谁的立场是"正确的"。关键在于共情让我们能够理解，塞缪尔和安东尼奥在讨论这个话题时可能会经历什么。我们不需要同意他们的立场，只需理解。如果我们能够理解，哪怕只是理解些许对方观点的根源，就更有可能进行一场富有建设性的对话。

关怀

如果你曾经见到一个需要帮助的人，并产生过想要帮助他的冲动，你就曾经体验过关怀。关怀是付诸行动的共情，它要求我们采取措施去减轻他人的痛苦。帮助一位老人把她购买的物品送到车上，拿起信用卡为自然灾害的受难者捐款，帮助第一天上学的孩子捡起掉在地上的图书，这些冲动都是关怀的案例。通过共情，我们看到了某种痛苦，随后产生（或者并未产生）采取行动的冲动——我们关怀的基线水平并不相同。

也许有些东西不言自明，但是我还是想稍做解释：自我关怀，是指关怀我们自己。我们很多人在面对挑战、挫折、困难的情感和状况时，很难给予自己关怀。我们现在所生活的社会——即使身体或思想遭受严重痛苦时，我们似乎仍然愿意迫使自己达到 100% 的效率。我说的不是健康的自我鞭策方式，如拥有自我提高的"健康守则"、锻炼身体、努力工作等。我说的是，当面临真正的心碎、悲伤、遗憾或恐惧时，我们经常无法给予自己关怀。

我们很难对自己表达自我关怀。然而，当我们看到朋友受到伤害时，我们会关怀和安慰他们，这不是为了解决他们的问题，而是在他们渡过难关时关心他们。我们会对朋友这样做，父母也会对他们的子女这样做。一位父亲正安慰自己患有流感的女儿，并不是因为相信自己能治好女儿，而是在支持和照顾女儿，帮助其应对挑战。但是我们忘记了我们也可以用这样的方式对待自己。自我关怀无法让我们在搞砸某事或者遭遇失败时摆脱困境；我们会不断取得进步，自我关怀确实以此为傲，但是即使在生活中经历不可避免的起伏，我们也要接纳自己。

友善

友善是指为他人做些什么——无论是减轻痛苦、助人为乐，还是只是为了让他人感到快乐，而不寻求任何回报。友善行为可能非常小，也可能非常大，既可以是帮你身后的司机付过路费，也可以是去杂货店帮助邻居买鸡蛋，还可以是匿名给学校捐赠电脑等。

我喜欢把友善看成某种形式的"报恩"。每个人在生命中，都曾经接收过某种形式的友善，因此，友善地对待他人，把自己过去接收到的友善传递出去。友善最大的好处之一在于，它不仅会让受助者感觉良好，也会让助人者自身感觉良好。过上一种为他人服务的生活，是获得充实感最可靠的途径之一。

与关怀类似，友善也可以指向我们自己。生活中充满挑战，但是正如你现在已经意识到的那样，我们内心的声音并不总是最好的伴侣。然而，就像第 2 周课程中艾伦所说的那样："你都已经走到这一步了。"为什么不试着在一些大的方面或小的方面，对自己友善一些呢？也许你可以预约一次按摩，或者休息一天，沉浸在你最喜欢的爱好中。也许你可以在一天中经常询问自己："我现在需要什么？"然后停下来，去做这件事。允许自己在筋疲力尽前关掉笔记本电脑，好好睡一觉。但是注意，一定要适度。我不想让你可能因为不习惯于善待自己而肌肉拉伤。开玩笑的，大胆去做吧！随着时间的推移，在指向自我的友善上做出的微小投资，终将对你的幸福感产生巨大影响。

培育共情、关怀和友善

　　共情、关怀和友善，在每个人身上并不是以同样的形式出现，或者在任何情况下都会出现。我相信你知道，有些人或多或少地比其他人更具关怀或友善品质。你甚至可能会注意到，你是否友善或富有关怀品质，取决于你的情绪，或者你是否吃过午饭。和人类的任何属性一样，我们所有人的这些品质都有一个自然的基线，只不过有些人处于尺度的极端。无论你的基线如何，共情、关怀和友善，与正念一样，都可以通过持续不断的练习来培育。本周的主体练习，无条件友善冥想，以及一种新的关于随孔善举的非正式练习，都可以培育这些技能。

■　■　■

　　无条件友善冥想练习在开始的时候，同样以同舟共济冥想所培育的共情为基础。与深入困境冥想和同舟共济冥想类似，无条件友善冥想也不是正念冥想，因为我们会有意唤起并强化某些情绪和感受。

　　你可以先阅读下文的冥想文本，然后在没有任何指导的情况下进行练习。

无条件友善冥想

　　无条件友善冥想练习，可以提高我们的能力，更多地对自己和他人表达关怀和友善。它们就像体内任何部位的肌肉一样，可以被锻炼。有意地培养无条件友善的情绪，能让我们体验并强化这些情绪，从而强化我们大脑中相关的神经通路。这让我们在与他人互动时，能够更经常地接触和"提取"这些情绪，并变得更加自我关怀。像对待朋友一样对待自己，可以帮助我们释放冲动，不再严苛地攻击自己。在无条件友善冥想中，我们会唤起这些情绪，并将它们给予自己和他人。让我们开始吧。

◆ 请选取坐着或躺着的姿势，心情平静地进行练习。一旦心情平静下来，就闭上双眼——如果这让你感到舒适，放低你的目光，让眼神柔和下来，开始进入你的注意和觉察，留意一下现在头脑和身体中出现的任何事物。允许你留意到的一切事物自然地存在，放下任何希望事情有所不同或者希望它们消失的冲动。

◆ 用一种无条件的友善和关怀的态度对待身体。

◆ 在靠近胸部中央的心脏部位，开始感受呼吸的动作。

◆ 无条件的友善存在于我们所有人的内心之中。这是一种支持、开放和友善待人的能力。

◆ 现在，回想一个你对其有深厚感情或爱意的人——可以是任何人：孩子、朋友、伴侣，或者任何能唤起你爱与友善的人。

◆ 当这个人的形象或对这个人的想法浮现时，留意随之而来的任何身体反应。也许你的胸口会变得温暖，也许你的表情会变得柔和，并露出浅浅的微笑，或者是其他反应。然后，转向任何浮现出来的东西，把它们邀请进来，充分感受和体验。

◆ 将这个人从脑海中清除，把这个人所引发的感觉作为主要的觉察对象。

- 现在，用下面这些话，把无条件友好和友善的感觉送给自己：

  - 愿我平安。
  - 愿我健康。
  - 愿我有勇气充分面对人生。
  - 愿我平静……于生活无法避免的起伏中。

- 留意任何涌现的感觉，让它们在正念觉察中自然地存在。
- 现在，将无条件的友善指向生活中支持你的人。在脑海中唤起这个人的形象，并默默地把下面这些话送给他们。

  - 愿你平安。
  - 愿你健康。
  - 愿你有勇气充分面对人生。
  - 愿你平静……于生活无法避免的起伏中。

- 留意任何涌现的感觉，让它们在正念的觉察中如其所是的存在。
- 现在，回想一个与你相处不太融洽的人，或者不时与你发生摩擦的人。最好不是最具挑战性的人，而是从关系没大有希望变好的人开始。看看你将此人作为主要觉察对象时，能否默默说出下面这些话：

  - 愿你平安。
  - 愿你健康。

- ◆ 愿你有勇气充分面对人生。
- ◆ 愿你平静……于生活无法避免的起伏中。

◆ 留意出现的任何感受，让它们自然地存在，不加评价地正念觉察这些体验。

◆ 当你默默地说出这些话时，看看你能否将这些话传达给更大范围的社区、家人、朋友、邻居和同事，也许还可以扩展到所有人，甚至你自己：

- ◆ 愿我们平安。
- ◆ 愿我们健康。
- ◆ 愿我们有勇气充分面对人生。
- ◆ 愿我们平静……于生活无法避免的起伏中。

◆ 留意出现的任何感觉与感受，并与它们共处片刻。

◆ 现在，在本练习的最后几分钟，把注意力带回到呼吸上。留意每次吸气和每次呼气的全部过程。

◆ 如果你闭上了双眼，我邀请你睁开眼睛。将你的注意力带回到你身处的房间。在你开启下一步工作之前，给自己一点时间考虑，接下来要做什么。

常见的问题、困难和挑战

给自己过多的自我关怀，难道不会让我放弃追求与实现目标吗？假如我失败了，然后对自己说："哦，没关系，你已经尽力了。"这不是在给自己寻找借口吗？实际上并非如此。研究表明，自我关怀会增强动机，从而"改善个人弱点、道德失范和测试成绩"。自我关怀承认，失败、遗憾、错误和挫折等都是积极参与生活时不可或缺的重要组成部分。恐惧是生活的一部分。失望是生活的一部分。丧失是生活的一部分。怀疑是生活的一部分。无论何时、何地，任何人都经历过挑战性的情绪与状况。你也会经历这些，即使你（仍）不承认这一点。面对失败、失望、怀疑、丧失和遗憾的时候，带上自我关怀，你更有可能掸尽灰尘，从经历中吸取教训，继续全身心地投入生活。当我们以这种方式生活时，会产生一个神奇的副作用，我们更有可能向那些经历人生艰难困苦的人提供关怀。

好吧，就算我相信这套说辞，认为共情、关怀和友善是有用的，但是拜托，它们在风起云涌的企业界真的有用吗？你曾经当过兵，关怀在那里有用吗？绝对的！谁愿意为一个心如铁石、冷酷无情、刻薄寡恩的人工作或者与其共事呢？不要误解我的意思，企业界确实有些人完全符合以上描述。他们中有一些人甚至坐上了领导岗位，并且在公开场合说着冠冕堂皇的话而不被人戳穿，背后对待下属却十分糟糕。人们之所以追随他们，只是因为别无选择，而不是想要如此。此类领导者的行径，通常会在某个时刻被更高一级的领导者发现。然而，富有关怀品质的领导者能培养出忠诚、奉献、高效的团队，施加更低的压力，以及获得更高的工作满意度。人们追随富有关怀品质的领导者，是因为他们想要如此，而不是因为他们别无选择。

要点、练习和提示

要点

◆ 自我关怀并非自私。无论你是一名优秀的运动员，一位顶级的顾问，还是扮演任何精英角色，为休息和恢复持续留出一段时间，对于达到巅峰表现和照顾挚爱之人都至关重要。扣心自问："此时此刻，我需要什么?"在多种形式的自我关怀中，探索哪一种对你最有用，这样提问是一个很好的方法。

◆ 共情、关怀和友善都是双向的。把它们用到我们自己身上，也是自我关怀的一种形式，可以提高我们的能力，让我们从生活所遭遇的挑战中获得成长。

◆ 共情、关怀和友善，可以帮助我们与他人建立更真切的联系。特别是共情，它能帮助我们理解他人——即便我们强烈反对他们。要想建立足够的正念，我们需要付出相当多的努力，足够的正念能让我们有意识地对同一个问题持有不同的观点——这些观点都有可能是正确的。

◆ 共情、关怀和友善等技能，都可以通过正念冥想练习激活并呈现。

正式练习

◆ 呼吸觉察冥想——每日两次，每次至少 10~15 分钟。(参见第 6 章)

◆ 无条件友善冥想——连续练习 7 日，每日一次。(参见第 15 章)

非正式练习

◆ 随机善举——我们对练习内容会越来越熟练，接下来的一周，每天都做一项随机善举。

◆ 抓住并释放——每日，抓住并释放一个毫无裨益的内心信念、评价或想法。

◆ S.P.A.R.R. 练习——在艰难的或重要的对话中进行。

◆ S.T.O.P. 练习——按需进行。

◆ 感恩日记——睡觉前，写下 1~3 件当天让你心存感激的事情，既可以是大事，也可以是小事。

提示

◆ 当持续练习无条件友善冥想时，你或许会发现，在某一天你会更加温暖待人。

◆ 你也许还会注意到，即使你与社交圈或职业圈里的人有分歧，也能与他们共情，从而让互动更加有效。

◆ 持续不断的练习也许会减少自我批评的内心对话，并减少对错误、失败或其他挫折的自动反应式的自我攻击。

第8周：养成习惯，继续练习

16

我们现在进入第 8 周。恭喜你！在短短 8 周时间里，我们共同走过了很长的路，我很荣幸，能够陪伴你走过一段人生旅程。你应该为自己感到自豪，有了更多的自我发现，解锁了卓越领导力、工作绩效和主观幸福感。让我们回顾前面的内容，并讨论一下怎样才能保持正念练习的动力。如果停止锻炼，身体健康状况就会下降，同样的道理，没有持续不断的正念练习，即使再训练有素的头脑，也会开始萎缩。

通过持续不断的正念练习，我们会获得一些领悟，但其效果是隐性的，需要逐步积累，或许有一天当我们看到效果的时候，会大吃一惊。在这里，我所说的并非开悟。我之前说过，你无法从一本书中得到开悟。但是，当你练习到这个阶段的时候，关于如何向这个世界展示自己，关于正念练习如何影响生活和人际关系，你或许已经得到了一些领悟。

或许你已经发现，你的头脑会猜测他人行为背后的意图，并对自己捏造出来的故事做出自动反应，从而让你迅速进入防御模式，所以你需要"抓住并释放"那些自动反应。或许你越来越清晰地觉察到，头脑在休息时段也习惯于跳入行动模式，从而剥夺你休息和恢复的能力，但是你能够"抓住并释放"这种冲动，并得到应有的休息。你可能因为犯了一个小错误而成为被严厉批评的对象，但是你可以不做出自动反应，而是以

S.P.A.R.R. 的方式进行富有成效的对话。或许你已经发现，改变自己对世界的应对方式，通常和改变世界一样有效。上述收获，只是通过练习可能得到的某些结果，你的收获或许有所不同。无论如何，你踏上的旅程专属于你自己，不存在所谓"正确"的速度，也不存在你"应该"在某个时间抵达某个地点。这是一个不断发现的过程。

■ ■ ■

我们所讨论的领域已经涵盖了好几个重要的主题。下面迅速回顾一下每周讨论的主题：

- ◆ 第 1 周：没有短暂的瞬间——从自动导航到带着觉察生活
- ◆ 第 2 周：如何面对生活，态度非常重要
- ◆ 第 3 周：是你占有故事，还是故事占有你
- ◆ 第 4 周：现代世界的剑齿虎——想占有一切
- ◆ 第 5 周：拥抱困境，而不是回避困境
- ◆ 第 6 周：我们坐在同一条船上
- ◆ 第 7 周：谁在照顾你，你又在照顾谁

通过阅读本书以及进行家庭练习，我们已经发现自己经常处于自动导航状态，我们对体验的态度会影响我们的现实生活，我们开始留意自己对自己讲述的故事，并意识到这些故事如何让我们变得卑微。我们开始看到自己的生存模式，在面对与剑齿虎毫无关联的"威胁"时，如何迅速采取行动；我们开始学会直面具有挑战性的体验，即使让这些体验自然地存在，自己也可以安然无恙。我们转向实际问题，揭示我们和他人之间共同的人性光辉，以服务于真实的人际关系；同时，我们提醒自己，要想获得

完美绩效，无论是个人的还是集体的，自我关怀和关怀他人，与艰辛的努力一样重要。

现在，让我们继续迈出一步，继续我们的正念之旅。

■ ■ ■

对于正念来说，最重要的事情是坚持定期进行正式的正念冥想练习，最好是每天进行。这个道理简单易懂。但是，读完这本书之后，不再定期翻看读书时所做的标记，坚持正念练习就会变得越来越困难。为什么呢？因为，正如你可能已经敏锐地意识到的那样，把一种新的行为融入自己的生活，说起来容易做起来难——即便正在定期阅读的这本书每天都邀请你进行练习，也是如此。另外，这些练习本身也不容易！

那么，该怎么办呢？当你读完这本书之后，回过头去重新阅读第二部分的第 8 章，把行为塑造技术应用于自己的生活实践。例如，做好环境准备，与意图联系起来，以及将新的行为与当前的行为建立关联等。然而，最重要的是，继续做你在本书中一直在学习去做的事情！让我解释一下。

当你发现自己"旧病复发"，已经有一段时间没做练习了——这是有可能发生的；当你发现自己又被想法所困扰时，做你在正式的正念冥想练习中所做的事情即可。只是重新开始，不要责备自己忘记了正在做什么，以及追究自己为什么忘记了正在做什么。当你在做身体扫描冥想却被想法所困扰时，你怎么办？只是重新开始，不要责备自己忘记了正在做什么，以及追究自己为什么忘记了正在做什么。

有一整天忘记做冥想练习了吗？还是一周？或者一个月？没有必要苛责自己或者评论自己浪费了多少时间。只是重新开始，不要责备自己忘记了正在做什么，以及追究自己为什么忘记了正在做什么。

假如你已经连续 17 天忘记了做冥想。当你意识到自己完全忘记此事时，可能会对自己说什么？也许，你可能自暴自弃，认为冥想并不适合自己，然后就放弃了。如果你连续几乎 70 天忘记做冥想，你会选择改弃吗？

2012 年的一项研究表明，12~19 个月大的孩子在学习走路时，平均每小时会摔倒 17 次。在这项研究中，一个可怜的孩子在 1 个小时内摔倒了 69 次。然而，这些孩子不断地重新开始，直到他们学会走路的那一刻。他们怎么会"失败"了那么多次，还能坚持下来呢？他们是非常特殊的孩子吗？不，他们和大多数同龄人一样；他们不会在每次"失败"时不断责备自己，也不会把"失败"看成自己一无是处的标志。他们不会有自我设限的信念，不会进行自我攻击和自我评价，不会考虑自己是否值得尊重。那些毫无裨益的思维模式和信念还没有建立，因此，孩子不会受到这些困扰。你也不必被自己的想法所困扰，这正是我们现在所作所为的主要目的之一。我们正在学习克制自己，避免陷入和相信头脑中浮现的每一个想法或故事。

失败并不意味着你就是一个失败者，这意味着你正在学习。永不言弃，从头再来——练习永远不会结束。如果你找不到 20 分钟的时间来练习，就找 10 分钟。如果你找不到 10 分钟的时间来练习，就找 5 分钟。如果你找不到 5 分钟的时间来练习，就找 1 分钟，用你自己的方式进行练习。

正念的一天

在进入本周的主体练习之前，我想先给大家举个例子，告诉你正念的一天可能怎样度过。正念的一天，是指在一天当中都保持正念觉察，尽你所能，每时每刻。这并不意味着你是完美的，或者必须是完美的，永远不会被想法所困扰。这只意味着，你要拥有某种意愿——尽可能地活在当下。

正念的一天造就正念的一生

- 只要有时间去做正念练习，至少进行一次正式练习。如果这段时间是在早上，非常好，就在早上做练习。如果是在中午，就太好了。如果是在晚上，就好极了。关键在于你要去做，而不是何时去做。

- 在一天中，有意识地投入当下，当你发现被自己的思维所创造的故事吸引时，运用一些你已经学会的非正式练习提醒自己，你应该活在当下。这些练习可以是 S.T.O.P. 练习，或者甚至只是留意一下自己的呼吸。利用一天中的一些切换环节作为线索，提醒自己进行练习，如打开或关闭笔记本电脑时、会议开始或结束时、每次接完电话之后、车停好之后等。当你把更多这样的时刻串联起来时，就会越来越接近于无缝隙地关注生命中的所有时光。

- 如果可以的话，在困难出现的时候深入困难。这并不意味着每天都要进行正式的深入困境冥想，仅仅是要知晓那些困难出现的时刻，并为它们带来些许善意、（自我）关怀和开放。忽视或者排斥困难，反而会适得其反。

- 尽情享受愉悦的时刻。与深入困境冥想相似，此处要求你直面愉悦的时刻，允许这些时刻被充分地感知。这可能很简单。例如，密切关注第一口咬下的巧克力，或者踏入温暖浴室的花洒下的第一步。我们每天都有许多愉悦的时刻，因为完全未被觉察而错过。我们也可以用正念来沉浸在这些时刻！对愉悦的时刻保持正念，可以增强和放大这种体验。当我们把正念觉察带到某个时刻时，愉悦的体验会变得更加美好。

◆ 有意识地把全部注意力关注到日常活动上，如刷牙、吃饭、散步、园艺、绘画、修车、洗衣服等。投入你所有的感官。

◆ 当你发现自己迷失于毫无裨益的局限性信念或对话，并对此深信不疑时，"抓住并释放"它们。我之前在书中提到，正念并不是停止思考。正念的一天并不是没有想法的一天。因此，由于想法仍然会自己跳出来，所以在需要的时候，运用"抓住并释放"技术将大有裨益，它可以防止我们基于自动出现的、毫无裨益的内心信念、评价和想法等，而采取不明智的行动，或者做出糊涂的决定。

◆ 将关注的"礼物"给予每一位与你互动的人。除非你是一位隐士，否则你一生都生活在与他人的关系之中。没有人愿意觉得自己无足轻重，他 / 她不值得得到你全身心的关注。当你全神贯注地关注某个人时，你更有可能运用 S.P.A.R.R. 技术，认识到在你面前站着一个人，你可以运用共情和关怀去倾听、理解和回应。

◆ 记住，能让你用活在当下、更理性的应对方式去驾驭这一天的工具，一直与你同在。呼吸和身体永远既不会活在未来，也不会活在过去，因此，你可以随时关注它们，把自己带入当下，做出有选择的应对，而非习惯性的反应。

　　将足够多的正念的一天串联在一起，你就会过上正念的一生。

本课程最后一个正式的正念冥想练习，就是开放静坐冥想。当我们做基础的呼吸觉察冥想时，注意力会集中在非常狭窄的每次吸气和呼气的感觉上。这并不意味着其他事情不在我们的觉察范围之内，而是我们那时候正在培养专注技能，所以，我们要把注意焦点牢牢地集中在呼吸上。在开放静坐冥想中，我们扩展狭窄的注意焦点，以一种更加广阔的视角，尽可能地扩展自己的觉察范围。呼吸仍然是我们觉察对象的一部分，但已经不是注意的焦点。

你可以先阅读下面的冥想文本，然后在没有任何指导的情况下进行练习。

开放静坐冥想

在进行开放静坐冥想时，我们将从专注于呼吸开始，随后练习扩展注意和觉察的焦点，扩展到更广阔的范围。让我们开始吧。

- 坐在椅子上，或者其他任何能支撑你身体的物体上，将双脚平放于地面。如果这能让你感到舒适，就闭上双眼，或者让目光柔和下来，并将目光转向地面。开始觉察呼吸的感觉，从你感觉到呼吸最明显的身体部位开始。

- 你或许会感受到空气吸入或者呼出鼻子的感觉，或者当你吸气和呼气的时候，感受到胸部或腹部起伏的感觉。

- 释放任何想控制呼吸的冲动。当你密切关注呼吸的感觉时，让身体按照自己的节奏呼吸。

- 现在把觉察扩展到整个身体。把整个身体带入觉察的范围，包括呼吸的感觉，但是不只是专注于呼吸。全然地觉察当下所有的体验。

◆ 头脑和身体还在这里，全然地觉察或许会把想法、感受和情绪等都包括进来。这完全没问题。

◆ 留意觉察是否存在边缘，以及当觉察继续扩展时，还能涵盖什么。

◆ 允许任何在觉察中的事物出现，当它出现时注意到它，并见证它的消失。然后，留意下一个事物又出现在觉察之中。你只需注意它，不需要把它推出去，或者拉进来，只是允许整个过程自然而然地展开。

◆ 当注意到那些吸引与捕捉注意力的想法或故事时，把注意力拉回来，变得狭窄一些，只是去关注呼吸，在让注意力变得再次开阔之前稍等片刻，只是去关注觉察到的事物。

◆ 带着开放的觉察，只是坐在那里。

◆ 现在，注意力在哪里？留意头脑被什么所吸引，但不卷入任何伴随注意力而产生的自动评价。把注意力拉回来，只是关注觉察到的事物。无须推出去和拉进来，只是去观察。

◆ 留意在觉察中产生的任何心理活动、出现的各种感觉、浮现的各种想法，也许还会有激动或平静。它们都可以存在于此，这都没有问题。如果它们中的任何一个吸引并抓住了你的注意力，就把注意力变窄，回在呼吸上停留一段时间，在把注意力再次变得开阔之前，只是去关注觉察到的事物。

◆ 现在，注意到了什么？快乐出现，不快乐出现，中性的体验出现。它们都可以存在于此，这都没有问题。既不需要把它们拉进来，也不需要把它们推出去。觉察可以用无边无际的疆域，包裹住所有这些体验。

- 带着开放的觉察，只是坐在那里。让一切自然而然地发生。

- 如果你闭上了双眼，我邀请你睁开眼睛。将注意力带回你身处的房间。在你开启下一步工作之前，给自己一点时间考虑，接下来要做什么。

常见的问题、困难和挑战

我们已经介绍了这么多练习，哪个练习是最好的？最好是相对的。如果你正在培养专注，那么很难找到比呼吸觉察冥想更有效的练习。它好像在为开放觉察冥想做准备一样，所以，定期进行呼吸觉察冥想非常重要。你可以从课程中选择任何一种冥想作为每天的练习，但是也要经常尝试把所有的冥想整合在一起，因为每一种冥想练习都有着独特和叠加的效果，让你的大脑能够全然地体验当下。一旦你能够在没有音频引导的情况下进行冥想，就可以考虑将一些冥想结合起来。我将其称为"选择你自己的冒险之旅"，正如你将在下文中看到的那样，这是你继续前进的选项之一。

无论如何，某种练习贴上何种标签并不重要。如果你每天都能抽出时间进行正式的冥想，去练习注意你觉察到的任何东西——无论是思想、感觉还是情绪，既不是抓住它们，也不是赶走它们，而是带着不评价、好奇、友善等态度进行练习，你就走在正确的道路上。

你说练习永无止境是什么意思？为什么要一直做练习？本章实际上并不是第 8 周，而更像你生命中未来的 8 周、8 个月、8 年甚至 80 年（如果你足够幸运）。为什么要坚持练习这么长时间？因为，每当你接近自我发现的地平线时，它总会不断远去，正如你车窗外的天际线一般。总有更多的东西要被发现，因为你一直在变化。你自己就是一个持续不断的过程，每当与世界发生一次互动，你就会被改变和塑造。现在的你，和 5 年前、5 个月前、5 天前……甚至不到 5 分钟前的你，都是不同的。琢磨一下，在大约 30 秒钟之前，你开始阅读这段文字，这也许是你第一次接触到这个概念——自我发现是一条遥不可及的地平线。这个概念不仅通过神经可塑性改变了你的大脑，还可能改变了你对自我觉察的特定信念或认识。今天的你正在不断消逝，而你正在成为的那个自己开始出现在地平线上。就在你已经确切地知晓自己是谁的那一刻，你知道的那个谁就已经改变了。你无法抓住它或把它固定下来，就像你无法抓住已然逝去的某个瞬间一样。当我们试图抓住过去的时刻或过去的自己时，它就会给我们带来问题，让我们无法充分体验当下的生活。因此，我们要继续练习观察和学习，或者用更恰当的说法，忘记过去的自己，从而让我们成为此时此刻的自己。

当继续我的正念之旅时，最重要的事情是什么？无论如何，都要继续做正式的正念冥想练习。如果你对正念之旅的下一步应该做什么存有疑问，就去练习。如果你不确定它是否有效，就去练习。如果你考虑半天找不到答案，就去练习。练习，练习，再练习。

要点、练习和提示

要点

- ◆ 持续进行正式的正念冥想练习，是获得并维持正念益处的关键。复习第二部分中的介绍，详细了解如何将正念行为融入自身生活。如果你停止健康饮食和锻炼，你的健康和强壮度就会变化，与此类似，如果你停止练习，通过正念冥想培养出来的技能也会衰退。

- ◆ 如果跌倒了，就重新站起来。如果你错过了一节课程，就在第二天、下一周或下个月想起来时，重新开始。运用你在课程中学到的知识，如果发现自己忘记了，就重新开始，不要因为遗忘责备自己，或者给自己讲述一个关于过去的故事。只是重新开始。

◆ 每天都度过正念的一天，你就会获得正念的一生。

正式练习

◆ 开放静坐冥想——连续练习 7 日，每日一次。（参见第 16 章）

◆ 第 8 周以后——"选择你自己的冒险之旅"，每天从课程中选择任何一种冥想去练习，并经常尝试把这些练习整合起来，因为这些练习对你的大脑和完全体验当下的能力，有着独特而又叠加的影响。你甚至可以考虑将一些冥想串联起来。例如，从呼吸觉察冥想开始，接着进入身体扫描冥想，然后再以无条件友善冥想或开放静坐冥想结束。

非正式练习

在第 8 周及以后做以下练习：

◆ 就像你全身心地投入冥想练习一样，把正念尽可能多地带入日常活动，如刷牙、园艺、吃饭、刷碗等。

◆ 随机善举——我们对自己的练习内容愈发熟练，因此，在接下来的一周里，每天都做一项随机善举。

◆ 抓住并释放——每日，抓住并释放一个毫无裨益的内心信念、评价或想法。

◆ S.P.A.R.R. 练习——在艰难或重要的对话中进行。

◆ S.T.O.P. 练习——按需进行。

◆ 感恩日记——睡觉前，写下 1~3 件当天让你心存感激的事情，既可以是大事，也可以是小事。

提示

◆ 你也许开始注意到或已经注意到，持续的正念练习会为身体带来好处。也许你睡得更好了、精力更充沛了，或者更少受到疼痛的困扰，它们不再像以前那样非常消耗你的注意力。

◆ 当练习开放静坐冥想时，你也许会发现，不仅是思想、感觉和情绪的出现和消失，每一种体验都在你的觉察中出现和消失。

◆ 持续不断的正念练习可以让你认识到，就像心脏是自己跳动的一样，你的想法也是自己出现的，几乎所有的事情都是自己发生的。当你有了这种认识的时候，事物开始变得妙趣横生。

最后的话 17 第十七章

再次祝贺。我衷心地希望，经过这段正念之旅，你能够对自己有一些全新的认识，能够对生活、工作和人际关系更加投入。通过正念练习和其他练习，我们可以发现，原本能够很快地意识到，各个生活领域所谓的那些困难，其实都是人为的，也就是常说的"世上本无事，庸人自扰之"。也许，你选择阅读这本书的目的，是提高自己在职场中的工作绩效、领导力或幸福感，但是我相信，本书给你带来的影响远远不止于此。

各个生活领域在你这儿交汇。就像蜘蛛网一样，某个生活领域的活动会引起其他生活领域的回响。如果你无法更加正念地与爱人相处，就无法更加正念地与同事和客户相处。当你学会对在职场中所遭遇的批评做出更为明智的回应时，你留意自己在家里做出回应的能力也会提高。当你共情和关怀的"肌肉"得以增强时，你生活中的每个人都将成为受益者。

生活并非我们所期望的那样，是一些零散的业务单元。不同的生活领域，貌似永远处于互相拉拽之中，但是我们会发现，它们之间原本不需要相互竞争。当给予足够的关注时，我们就能发现这种拉拽的趋势，并对最需要投入关注的生活领域做出理性回应——无论工作、家庭、人际关系，还是社会服务领域，都是如此。当你这样做的时候，也在教别人这样做，而这就是领导力。

　　当阅读本书从当下变成过去，请你记住：不存在什么短暂的瞬间，时光正是由没有被关注到的无数个短暂的瞬间所组成的。

走进正念书系

STEP INTO
MINDFULNESS

国内罕见的正念入门级书系
简单、易懂、可操作
有效解决职场、护理、成长中的常见压力与情绪难题

ISBN: 978-7-5169-2430-3
定价: 55.00 元

从 0-1，
正念比你想得更简单

扫码购书

走进正念书系

STEP INTO MINDFULNESS

愿我们在动荡而喧嚣的世界中，
享有平静、专注和幸福

ISBN：978-7-5169-2537-9
定价：69.00 元

每个年轻人必读的
减压实操指南

ISBN：978-7-5169-2522-5
定价：79.00 元

享有职场卓越绩效
非凡领导力和幸福感

ISBN：978-7-5169-2526-1
定价：79.00 元

有效提升绩效及能力的
职场必备实操指南

ISBN：978-7-5169-2430-3
定价：55.00 元

从 0-1，
正念比你想得更简单

ISBN：978-7-5169-2429-7
定价：55.00 元

在生命的艰难时光中，
关爱与陪伴